APPLICATIONS GÉOLOGIQUES

DE LA SPÉLÉOLOGIE

ORIGINE ET ROLE DES CAVERNES
LEURS VARIATIONS CLIMATÉRIQ[
LEURS RAPPORTS AVEC LES FILON

PAR

E.-A. MARTEL.

(Extrait des Annales des Mines, livraison de Juillet 1896.)

PARIS

Vve Ch. DUNOD et P. VICQ, ÉDITEURS

LIBRAIRES DES CORPS NATIONAUX DES PONTS ET CHAUSSÉES, DES MINES
ET DES TÉLÉGRAPHES
49, Quai des Grands-Augustins, 49

1896

APPLICATIONS GÉOLOGIQUES

DE LA SPÉLÉOLOGIE

TOURS. — IMPRIMERIE DESLIS FRÈRES.

APPLICATIONS GÉOLOGIQUES

DE LA SPÉLÉOLOGIE

ORIGINE ET ROLE DES CAVERNES
LEURS VARIATIONS CLIMATÉRIQUES
LEURS RAPPORTS AVEC LES FILONS

PAR

E.-A. MARTEL.

(Extrait des Annales des Mines, livraison de Juillet 1896.)

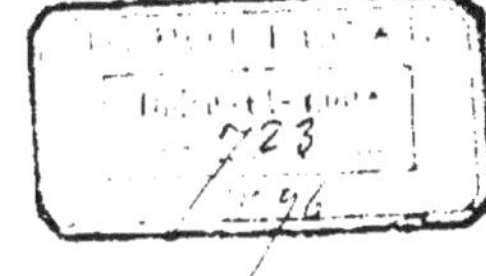

PARIS

Vᵉ Ch. DUNOD et P. VICQ, ÉDITEURS

LIBRAIRES DES CORPS NATIONAUX DES PONTS ET CHAUSSÉES, DES MINES
ET DES TÉLÉGRAPHES

49, Quai des Grands-Augustins, 49

1896

APPLICATIONS GÉOLOGIQUES

DE LA SPÉLÉOLOGIE

ORIGINE ET ROLE DES CAVERNES
LEURS VARIATIONS CLIMATÉRIQUES
LEURS RAPPORTS AVEC LES FILONS

Par E.-A. MARTEL.

Premières études relatives aux cavernes. — La connaissance et l'étude des *cavités naturelles du sol* présentent un intérêt de premier ordre pour les géologues, les ingénieurs et les hydrologues. Les rapports intimes des puits naturels (abîmes) et des cavernes avec les sources, les eaux souterraines, les dislocations de la croûte terrestre, les filons métallifères, les dépôts d'ossements fossiles, etc., sont les éléments constitutifs de cet intérêt. Depuis moins d'un siècle seulement, on l'a scientifiquement reconnu. Le *Mundus subterraneus* du P. Kircher (*) ne renferme guère, en matière de grottes, que fables et fantaisies ; et le grand ouvrage du Baron de Valvasor, *Die Ehre des Herzogthums Krain* (**), quoique fourni de curieux renseignements, dit de la plupart des cavernes et

---

(*) Amsterdam, 2 vol. in-folio, 1665 et 1678.
(**) Laibach et Nuremberg, 1689 ; 2ᵉ édition à Rudolfswerth, en 1877.

rivières souterraines, dont il esquisse la description en Carniole, que nul homme encore n'en a vu les extrémités.

Vers 1780 ou 1785, Carnus remontait du gouffre du Tindoul de la Vayssière (Aveyron), en prétendant qu'il avait « remarqué sur des pierres quelques légères incrustations de soufre et de bitume, et quelques petites veines métalliques dans des cailloux »; de plus, il niait l'existence de la rivière souterraine qu'on y supposait (*) et que MM. Quintin et Coste y ont trouvée effectivement en 1890.

Le xviii° siècle produisit, notamment en Allemagne et en Autriche, quelques ouvrages relatifs aux curiosités du monde souterrain ; de 1801 à 1806, parut à Hambourg la *Beschreibung der gröszten und merkwürdigsten Höhlen des Erdbodens*, en trois volumes, par Ch.-W. Ritter.

Les premières œuvres essentiellement scientifiques (**) consacrées aux cavernes furent en réalité : pour la paléontologie, les Recherches sur les ossements fossiles, de Cuvier (1821-1823, Fouvent, Gaylenreuth, etc.), les *Reliquiæ dilurianæ* de Buckland (1823), et les Recherches sur les ossements fossiles des cavernes de la province de Liège, de Schmerling (Liège, 1833-1834) ; — pour l'hydrologie et la géologie, les deux courtes, mais importantes brochures de M. Parandier (Notice sur les causes de l'existence des cavernes; *Acad. des sciences et arts de Besançon*, 28 janvier 1833) et de Virlet d'Aoust (Des cavernes, de leur origine et de leur mode de formation, feuilleton de l'*Observateur d'Avesnes*, 1836), la notice d'Arago sur les Puits artésiens (*Annuaire du Bureau des Longitudes pour 1835*), et l'Essai sur le remplissage des cavernes à

(*) Bosc, Mémoires pour servir à l'histoire du Rouergue. In-8°, an V.

(**) Auxquelles Cuvier avait prélude par son mémoire sur les têtes d'ours fossiles des cavernes de Gaylenreuth (*Bulletin de la Société philomathique*. Paris, 1796).

ossements (Harlem, 1835, etc.), par Marcel de Serres.

On sait quelle véritable fièvre de fouilles s'est emparée d'une foule de chercheurs, souvent plus curieux qu'expérimentés, quand Boucher de Perthes eut créé la *préhistoire*. Dès lors la littérature relative aux cavernes s'accroit considérablement : mais la préoccupation dominante est celle de la paléontologie et de la paléthnologie; c'est elle seulement qui a conduit M. Ollier de Marichard, il y a déjà une trentaine d'années, au fond de gouffres ardéchois creux de plus de 50 mètres.

Les questions relatives à la géologie, à l'hydrologie, à l'origine et au fonctionnement des cavernes ne sont guère abordées avec quelque détail que dans les livres ou mémoires suivants :

Abbé Paramelle, l'Art de découvrir les sources, 1856; Fournet, Hydrographie souterraine (*Académie des sciences de Lyon*), 1858; — Desnoyers, article Grottes, du *Dictionnaire d'histoire naturelle* de d'Orbigny, 1845 et 1868 (*); — Schmidl, Die Grotten und Höhlen von Adelsberg, etc., Vienne, 1854; — Fuhlrott, Die Grotten von Rheinland, Westphalen, Iserlohn, 1869 ; — Comte Wurmbrand, Ueber die Grotten... bei Peggau, Graz, 1871 ; — Tietze, *passim*, dans *Jahrbuch der œster. Geologisch. Reichsanstalt*, 1873 à 1891, *passim;* — Boyd-Dawkins, Cave Hunting, Londres, 1874; — Mojsisovics, Karst-Erscheinungen (*Club alpin autrichien-allemand*), 1880; — Packard, Cave-Fauna of North America, 1881 ; — Lucante, Essai géographique sur les cavernes de France et de l'étranger, malheureusement inachevé, dans *Bulletin de la société d'études scientifiques d'Angers*, 1880 et 1882; — Hovey, Celebrated american caverns, Cincinnati, 1882 ; — Szombathy, Die Höhlen und ihre Erforschung (*Jahrb. des Ver. zur Verbreitung naturwissenchaftl. Kenntnisse*, Vienne, 1883; — Frcwirth, Ueber Höhlen, (*Club alpin autrichien-allemand*), 1883 et 1885 ; etc.

Ensuite toutes les connaissances acquises, tous les faits

(*) T. VI de la 2ᵉ édition (1868), p. 646 à 755, assurément le plus sérieux et complet travail d'ensemble sur les cavernes qu'on ait publié en France avant les récentes recherches. Il reste plein d'utiles documents pour les futures explorations.

constatés en dehors de la préhistoire et de la paléontologie furent magistralement résumés par le grand ouvrage du regretté M. Daubrée, les Eaux souterraines à l'époque actuelle et aux époques anciennes (1887 et 1888), qui a définitivement arrêté les grandes lignes de la science physique des cavernes.

Mais, au moment même où se rédigeait ce travail capital, les explorations souterraines recevaient, en Autriche et en France, deux pays privilégiés quant au creusement de leur sous-sol, une impulsion inattendue, un développement considérable.

Extension récente des explorations souterraines. — D'abord les Autrichiens, principalement à l'instigation de M. Kraus, reprenaient partout, vers 1880, les investigations souterraines un peu délaissées depuis les belles découvertes d'Adolf Schmidl (1850-1856) ; une société d'étude des cavernes (*Verein für Höhlenkunde*) essayait de se fonder en 1879-1880, mais ne trouvait de vitalité que de 1882 à 1888, comme section (*für Höhlenkunde*) du Club des Touristes autrichiens ; en 1886, le gouvernement d'Autriche-Hongrie lui-même et diverses autorités provinciales faisaient entreprendre les explorations et travaux officiels, principalement hydrologiques, de MM. Putick, Hrasky, Riedel, Ballif, qui ne sont pas encore terminés, en Istrie, en Carniole, en Bosnie et Herzégovine ; depuis 1883, MM. Hanke, Marinitsch, Müller, Novak, autour de Trieste, et MM. Kriz, Trampler, Szombathy, Fugger, Siegmeth en Moravie, Hongrie, etc., accomplissaient une série de trouvailles réellement géographiques, qu'ils poursuivent toujours.

En France, en 1888, avec le concours de M. G. Gaupillat, ancien élève de l'École polytechnique, j'inaugurai l'application du téléphone et des bateaux démontables en toile, à l'exploration des abîmes profonds de 100 mètres et plus, et des rivières souterraines, objets de tant de terreurs et de tant de fausses légendes. Les abimes surtout n'avaient jusqu'alors été affrontés qu'en très petit nombre, et seulement ceux que le jour éclairait bien : la Mazocha (Moravie, 136 mètres, dont 50 à pic), par Nagel, en 1748 ; Elden Hole (Derbyshire, 80 mètres), par Lloyd, en 1770 ; le Tindoul (Aveyron, 60 mètres), par Carnus, vers 1780 ou 1785 ; Allum-Pot (Yorkshire, 90 mètres) par Birkbeck et Metcalfe, en 1847 et 1848 ; Piuka-Jama (Carniole, 65 mètres), par Schmidl, en 1852 ; l'exploration du fameux puits de Trébič (Istrie, 322 mètres) par Lindner, en 1840-1841, fut un vrai travail d'ingénieur qui dura onze mois.

Depuis huit ans, j'ai consacré presque tous mes loisirs et toutes mes ressources à ces pénétrations profondes et lointaines dans une foule de cavités inconnues, étendant mes recherches avec le concours de nombreux collaborateurs, et en exécution de missions scientifiques confiées par le Ministère de l'Instruction Publique, non seulement aux diverses régions caverneuses de la France, mais encore à la Belgique, au Karst autrichien, à la Grèce, à l'Angleterre et à l'Irlande.

Cette sorte de renaissance, en partie double, des études souterraines d'ordre physique a, en dix ans, non pas bouleversé les notions déjà acquises, mais confirmé pratiquement la justesse de belles théories géologiques, fait justice de certaines hypothèses inexactes, quoique fort séduisantes, mis fin à bien des controverses, en un mot fixé davantage les idées sur les phénomènes intérieurs de la partie supérieure de l'écorce terrestre. Elle a surtout révélé l'existence d'une quantité d'antres divers, utiles à connaitre à plus d'un titre.

Le tableau des nouvelles données ainsi recueillies a été sans délai exposé par trois récents ouvrages, parus presque simultanément, et mettant au point l'état actuel de la *Höhlenkunde*. La *Höhlenkunde* est la science des cavernes qui, sous le nom générique de *spéléologie* (*), cherche maintenant à revendiquer une petite place à part dans la série des sciences naturelles. Les trois ouvrages en question sont :

J. Cvijić, Das Karst-Phänomen, 3e cahier du tome V des *Geographische Abhandlungen* de Penck; Vienne, Hölzel; in-8°, 1893, 114 pages et figures; — E.-A. Martel, Les Abîmes, explorations de 1888 à 1893 ; in-4°, 580 pages, 320 plans et gravures ; Paris, Delagrave, 1894 ; — F. Kraus, Höhlenkunde, manuel des explorations souterraines; in-8°, 308 pages, 161 plans et gravures; Vienne, Gerold, 1894 (**).

Depuis leur apparition, j'ai continué mes recherches : une heureuse campagne en Angleterre et en Irlande (juillet-août 1895), qui a complètement fixé mes idées sur divers points douteux, et une étude d'hiver (mars-avril 1896), dans plusieurs grandes cavernes des Causses m'ont même livré assez d'indications neuves pour que je puisse ici présenter aujourd'hui un travail inédit, que je diviserai en trois parties (***) :

Ire partie. — Origine et rôle des cavités naturelles ;

IIe partie. — Variations climatériques dans les cavernes ;

IIIe partie. — Cavernes du Peak (Derbyshire) et leurs rapports avec les filons métallifères.

(*) Une Société *internationale* de spéléologie s'est fondée à Paris, à la fin de 1894 : elle compte actuellement 220 membres et publie un *Bulletin Spelunca* et des *Mémoires*.

(**) Il faut citer encore les recherches géologiques toutes nouvelles de MM. Gümbel, Ranke, Zittel, Nehring, Kloos, Blasius, Schwalbe, Endriss, etc., dans les cavernes de l'Allemagne, et la récente fondation du *Schwäbischer Höhlen-Verein* à Gutenberg, en Würtemberg.

(***) Je ne le surchargerai pas de notes bibliographiques détaillées : les spécialistes les trouveront aussi abondantes et aussi complètes que possible dans les trois ouvrages ci-dessus indiqués.

PREMIÈRE PARTIE.

ORIGINE ET RÔLE DES CAVITÉS SOUTERRAINES.

Terrains caverneux. — Les cavités naturelles du sol ne se rencontrent *en principe* que dans les formations géologiques compactes, mais fissurées. Les terrains meubles, poreux, de transport, tels que les sables, graviers, scories, moraines, etc., peuvent être considérés comme non caverneux. L'incohérence de leurs éléments empêche les larges vides, sinon de s'y former, du moins de s'y maintenir.

ORIGINE DES CAVERNES. — *Joints et lithoclases.* — Les principales causes de la formation des cavités naturelles sont au nombre de deux : la préexistence des fissures des roches et le travail des eaux d'infiltration.

Il conviendrait, surtout au point de vue de l'origine des cavernes, de bien distinguer deux sortes de fissures dans les roches : les *lithoclases* et les *joints*. Ce dernier terme, en effet, a donné lieu, chez les architectes, comme chez les géologues qui le leur ont emprunté, aux définitions les plus contradictoires (*) et à une gênante confusion entre les *plans* de stratification et les autres fissures.

(*) Pour Quatremère de Quincy (Dictionnaire d'Architecture) et Larousse (Grand Dictionnaire), les joints sont, en général, les *intervalles qui séparent les pierres*, les *fissures naturelles qui traversent les roches*, quel qu'en soit le sens.

Viollet-le-Duc (Dictionnaire d'Architecture) et la Grande Encyclopédie réservent le nom de joints aux faces par lesquelles les pierres « sont contiguës latéralement » et appellent tout spécialement *lits* leurs plans de « séparation horizontaux ».

D'autres, dont l'opinion est adoptée aussi par le Dictionnaire de Larousse, emploient les termes de *joints de lit* pour les joints horizontaux et *joints montants* pour les joints verticaux.

En géologie, même confusion :

Arago d'abord a écrit que les terrains tertiaires sont stratifiés,

La nécessité de bien distinguer les plans de stratification des fentes qui traversent les bancs, saute aux yeux dans des cavernes comme Bramabiau, Adelsberg, Padirac, etc. Très généralement, en effet, il s'est formé entre les strates « des galeries basses ou tunnels, où la largeur l'emporte sur la hauteur, et dans les diaclases des allées longues, étroites et élevées » (Abimes, p. 196).

Bien plus, il y a des cavernes (comme la Recca de Saint-Canzian par exemple) et surtout des abimes, creusés aux

---

c'est-à-dire composés de couches superposées et séparées à la manière des *assises* d'un mur par des *joints* nets et bien tranchés (Notice sur les puits artésiens, *Annuaire du Bureau des Longitudes* pour 1835, p. 203). Pour lui, les joints semblent bien être les *plans de stratification*.

Le géologue irlandais Kinahan distingue dans les roches stratifiées trois sortes de *fentes* ou *joints* : 1° Les joints *mineurs*, locaux, limités à une ou quelques strates: 2° les joints *majeurs*, qui recoupent toutes les strates ; 3° les *lignes de joints* (*joint lines*), ou plans de stratification (Valleys and their relations to fissures, fractures and faults; Londres, Trubner, 1875, in-8", p. 13 et 20).

M. Daubrée a éclairci la question : « Les cassures des roches ont reçu, en général, le nom de *joints*, adopté par les géologues anglais ; ce nom, emprunté à l'architecture, où il désigne les plans suivant lesquels on a assemblé les assises d'une construction, paraît inexact lorsqu'il s'agit, au contraire, de faces de rupture... Les joints sont plus petits que les failles, auxquelles ils se rattachent parfois et dont ils sont congénères » (Études de géologie expérimentale, p. 300-306, 325, 333, 351). Et il a proposé les très heureux termes généraux de *lithoclases* et de *diaclases*. Le seul inconvénient de cette classification c'est qu'en déclarant que « les diaclases traversent les plans stratifiés » (Eaux souterraines, t. I, p. 133), M. Daubrée semble adopter pour les joints *mineurs* de Kinahan la définition de Viollet-le-Duc (intervalles latéraux), à l'encontre de celle d'Arago: de plus, il ne donne pas de nom aux plans de stratification.

M. Édouard Dupont s'en est aperçu en ces termes : « Les diaclases sont des fentes à travers bancs, qui n'interrompent pas la continuité du plan de ceux-ci »:... elles divisent les masses calcaires en grands parallélipipèdes, par leur combinaison croisée *avec un troisième plan, qui est fourni par la stratification* (Les phénomènes des cavernes, *Annales de la Société belge de géologie*, t. VII, 1893, p. 14).

De même, M. de Lapparent: « Les *joints* ou *diaclases* peuvent résulter soit du retrait de la roche par dessiccation, soit des mouvements en masse du terrain, et il s'y ajoute les fentes horizontales que peuvent engendrer les lits de stratification » (DE LAPPARENT, Leçons de géographie physique, p. 85).

dépens des seules diaclases dans des roches point ou à peine stratifiées (dolomies des Causses, etc.).

Je me suis trouvé moi-même si souvent embarrassé, par cette confusion, dans les descriptions à faire, que j'ai fini par appliquer uniquement le terme de *joints* aux plans de stratification, en adoptant pour toutes les autres cassures les noms et la subdivision des *lithoclases*, créés par M. Daubrée. Cela m'a paru si commode, et si conforme à la disposition des cavités explorées, que je proposerai d'opposer tout à fait aux *diaclases* les *joints de stratification*. Observation faite que ces joints, en principe horizontaux, sont souvent, par suite de dislocations postérieures à la sédimentation, fortement redressés sur l'horizon (à Han-sur-Lesse, Adelsberg, etc. ; Les Abîmes, p. 429, 438, 442, 447, etc.), parfois même jusqu'à la verticale (gouffres du Ragas, Var ; de Caussols, Alpes-Maritimes, etc.; Les Abîmes, p. 417); et qu'en conséquence il est inutile et impraticable de chercher un caractère distinctif (comme l'a fait à tort Viollet-le-Duc pour les monuments) dans l'horizontalité ou la verticalité des *joints de stratification*.

Rôle capital des fissures du sol. — Ceci posé, tout ce que j'ai vu sous terre, dans plus de trois cents abîmes, cavernes et sources, confirme absolument cette notion générale, fort bien exposée par Desnoyers (mémoire cité), que les fissures du sol, dues tant aux grandes dislocations dynamiques de l'écorce terrestre qu'aux effets plus restreints de rupture par dessiccation, retrait ou compression des roches elles-mêmes, ont été *les directrices générales* des cavités. C'est ce qu'on a pris l'habitude d'appeler les *lignes de moindre résistance*. M. Daubrée a formulé une loi des plus justes en disant que « le premier rôle revient aux cassures souterraines » (Eaux souterraines, I, p. 299). Les cavernes de Bramabiau (Gard ; V. ci-après), Miremont

(Dordogne), Padirac (Lot), Mitchelstown (*) (Irlande, longue de 2 kilomètres), Han-sur-Lesse (Belgique), Adelsberg (Autriche), Sloup (Moravie), Kapsia et Palæochori (Péloponèse), Mammoth-Cave (États-Unis), en sont de topiques exemples pris dans diverses parties du monde.

Comment l'eau s'est ensuite servie de cette canalisation plus ou moins largement préparée d'avance, comment elle en a agrandi et modifié les veines plus ou moins amples pour y établir sa circulation souterraine, comment elle l'a çà et là transformée en cavernes souvent très vastes, c'est ce que nous examinerons tout à l'heure.

Au préalable, il importe de noter que, comme toute bonne règle, cette loi si simple de la genèse des grottes et abîmes souffre certaines exceptions, exceptions tirant leur origine des dissemblances pétrographiques des divers terrains.

Cavernes indépendantes de la fissuration. — Ainsi les roches qui, sans être précisément meubles, incohérentes, comme les graviers, ont la propriété de se dissoudre ou de se dissocier dans l'eau, peuvent posséder des vides souterrains naturels indépendants de toute fissuration du sol.

Tels les grès de Fontainebleau et les dolomies sableuses de Montpellier-le-Vieux (**) (Aveyron) qui présentent un certain défaut d'homogénéité : au sein de leurs masses dures, résistantes, se rencontrent des sortes de poches friables, portions de roches dont les éléments n'ont pas été agglutinés par le ciment qui a fait *prendre* le surplus. Ces parties sableuses, *éridées* par les eaux courantes ou d'infiltration, qui entraînaient leur contenu inconsistant,

---

(*) V. E.-A. MARTEL, Mitchelstown-Cave, dans l'*Irish Naturalist*, t. V, n° 4, avril 1896, avec plan au 2.000ᵉ, Dublin, Eason.

(**) L. DE MALAFOSSE, *Bulletin de la Soc. de Géographie de Toulouse*, 1883 ; — TRUTAT. Une excursion à Montpellier-le-Vieux, in-8°, 15 p., Toulouse, Durand, 1885 ; — MARTEL, *Bulletin de la Soc. géologique*, 16 avril 1888, p. 509, et Les Cévennes, p. 127.

ont, par places, donné naissance à de vraies grottes. Ce sont les cavernes « produites par l'entrainement des matières arénacées » (Daubrée). La solubilité du gypse et surtout du sel gemme crée aussi des vides souterrains non plus par entrainement dû à une eau mouvementée, mais par l'action chimique de l'eau, par la *corrosion* qui *mange* et fait fondre la roche comme du sucre. Ce sont les grottes de dissolution : cavités d'Eisleben et des lacs du Mansfeld (en Thuringe) (*) ; entonnoir d'Aïn-Taïba (Sahara) (**) ; cloche de Taverny (Seine-et-Oise, en partie due aussi à l'érosion ; Les Abimes, p. 410); Kraus-Grotte près Gams (Styrie ; Höhlenkunde, p. 98) ; mares de Meurthe-et-Moselle ; éboulements du Cheshire, etc.

Ces grottes d'*entrainement* et de *dissolution* ne comportent pas nécessairement la préexistence de fissures en ayant favorisé le développement : l'eau seule est parfaitement capable de les produire ; toutefois, cela n'a lieu que dans des formations géologiques de nature particulière et, en général, sur une échelle assez restreinte.

Grottes d'explosion volcanique. — Au contraire, les terrains volcaniques montrent des cavités où l'eau, du moins sous sa forme liquide, n'a nullement concouru au creusement : ce sont les cavernes d'*explosion*, qu'ont ouvertes les éruptions volcaniques ou les bulles de gaz et de vapeur d'eau crevant les roches ; ce sont les grottes de *refroidissement* dues au retrait subi par les roches plutoniques, pendant l'abaissement de leur température. Aux îles Açores plusieurs grandes poches (Forno de Graziosa, Fayal, etc.), depuis partiellement occupées par des eaux d'infiltration, semblent avoir cette origine ; de même,

---

(*) V. pour les éboulements des terrains et l'abaissement du niveau des lacs du Mansfeld survenus en 1892: ULE, Die Mansfelder-Seen. Eisleben, 1893, in-12 ; — et KREBS, Die Erhaltung der Mansfelder-Seen, Leipzig, 1894, in-8°.

(**) DAUBRÉE, Eaux souterraines, I, p. 292, 300 ; II, p. 83.

certaines cavités des coulées d'Islande, d'Auvergne, de la Réunion, de l'Etna, des îles Lipari, etc. (*). Le point est controversé pour la curieuse mofette si froide du *Creux-de-Souci* (Puy-de-Dôme; Les Abîmes, p. 389, 392), qui peut être due d'abord à l'explosion d'une bulle volcanique et ensuite à l'agrandissement par érosion du vide ainsi produit.

Dans les grottes volcaniques, en somme, la dynamique interne a souvent joué le rôle prépondérant; et si l'eau est intervenue après coup, c'est rarement avec la même efficacité que dans les calcaires, la roche caverneuse par excellence.

Créer deux autres subdivisions pour les cavernes de *glissements superficiels* et les *cavernes marines* me semble inutile.

En effet, les grottes ménagées entre les interstices de grands blocs éboulés relèvent et de la fissuration et de l'infiltration; car c'est toujours par dilatation des fissures de la pierre, par dislocation des assises rocheuses, par entraînement ou dissolution de leurs supports, que l'eau, insinuée dans les lithoclases, a provoqué les glissements de pans entiers de montagnes (Rossberg, Elm, Diablerets, Granier, Saint-Laurent, etc., Pas-de-Souci du Tarn, Plurs, Alleghe, Dent-du-Midi, La Réunion, Nanga-Parbat, etc.) (**).

Il est vrai que des chambres souterraines ont pu se disposer naturellement, entre les plus gros fragments du chaos d'effondrement arc-boutés les uns contre les autres. Les causes premières restent les lithoclases et l'eau. Les caves de Roquefort (Aveyron) sont un exemple classique de ce type (***); M. A. Janet, de Toulon, vient d'en ren-

---

(*) V. DE LAPPARENT, Traité de Géologie, 3ᵉ édit.. p. 393.

(**) Pour les dates de ces grands éboulements, V. Les Abîmes, p. 199; — et DE LAPPARENT, Traité de Géologie, 3ᵉ éd., p. 205.

(***) DAUBRÉE, Eaux souterraines, I, p. 301 ; *Tour du monde*, 1875, II, p. 156.

contrer un autre, des plus remarquables et imposants, à Roquebrune, dans le massif des Maures (Var) (*).

Autres causes invoquées pour expliquer l'origine des cavernes. — Rappelons quelques autres idées mises en avant pour expliquer l'origine des cavernes.

Buffon d'abord invoquait les *tremblements de terre* ; insuffisante comme cause unique, celle-ci n'est cependant pas tout à fait négligeable : le 23 février 1828, un phénomène séismique fit effondrer une partie du grand dôme de Han-sur-Lesse, etc. (V. Les Abîmes, p. 446). Celui de Grèce, en 1894, a ouvert de nombreuses crevasses, comme en Calabre en 1783 (*Comptes rendus de l'Académie des sciences*, 2 juillet et 6 août 1894), etc. Par contre, le grand tremblement de terre qui a ravagé, en 1895, la ville de Laibach (Carniole), à diverses reprises, n'a eu aucun retentissement dans les cavernes ou abîmes de Saint-Canzian-Am-Karst, Divacca, Trebić, Adelsberg, Kaċna-Jama, etc. (**).

En 1833, M. Parandier lut à l'Académie des sciences et arts de Besançon (séance du 28 janvier 1833) une notice (***) Sur les causes de l'existence des cavernes, où il invoquait quatre ordres de faits : 1° la différence de dureté ou de mollesse des calcaires ; 2° des eaux de corrosion plus denses et plus chaudes que celles de nos jours ; 3° des soulèvements de terrains ayant produit des cassures ; 4° un brusque abaissement des eaux provoqué par ces soulèvements. Il reconnait déjà, mais moins formellement que ne devait le faire Virlet trois ans plus tard, la véritable importance des fissures du sol.

(*) Communication au Congrès des sociétés savantes à la Sorbonne, 9 avril 1896.

(**) V. *Spelunca*, n° 2 (1895), p. 75 ; — et MARINITSCH. *Mémoires de la Soc. de Spéléologie*, n° 3 (avril 1896), p. 11.

(***) Publiée en 1833 par cette Association et résumée dans le *Bulletin de la Soc. géologique*, 7 mai 1883, 3° s., t. XI. p. 445.

Il est loisible assurément de supposer que les eaux souterraines étaient plus chaudes, plus chargées d'acide carbonique, par conséquent plus dissolvantes. Mais les faits qu'invoquait M. Parandier sont quelque peu hypothétiques. Ses idées n'en ont pas moins été presque intégralement *recopiées*, détail généralement ignoré, par Marcel de Serres dans son livre sur les cavernes à ossements, dont la première édition est postérieure de deux ans au mémoire de M. Parandier. Ces deux auteurs ont soutenu aussi que l'eau par ses dépôts (stalagmites et argile) bouche les cavernes au lieu de les agrandir : cela est vrai pour les eaux dormantes et de suintement, mais pas toujours pour les eaux courantes, dont le mouvement empêche généralement les dépôts, et active l'érosion et la corrosion (Les Abîmes, p. 539).

De Malbos (*) et Lecoq (**) ont voulu substituer à l'action de l'eau celle des gaz dégagés de l'intérieur de la terre ; sauf ce que nous avons dit pour certaines cavernes volcaniques, cela est manifestement une erreur.

Simony et Zippe ont pensé que l'acide carbonique avait commencé par user, par *carier*, les roches calcaires, et que les écroulements étaient survenus ensuite.

Ami Boué (***) a même imaginé que certaines cavernes ont pu être agrandies par les gaz émanant des corps organiques en décomposition (animaux et végétaux) jetés ou charriés fortuitement.

Mais aujourd'hui tout le monde est d'accord (Fournet, Boisse, Thirria, Boyd-Dawkins, Phillips, Hughes, Neumayr, de Lapparent, etc.) pour bien reconnaître l'influence prépondérante des fissures.

Rôle des failles. — Avant de terminer ce qui concerne

(*) Mémoire et notice sur les grottes du Vivarais. 1853.
(**) Epoques géologiques de l'Auvergne, t. II, p. 255.
(***) Pour la bibliographie, V. Les Abîmes, p. 540.

le rôle des cassures du sol, rappelons que Boyd-Dawkins n'a pas été le seul à soutenir que « les cavernes ne sont pas généralement sur les lignes de failles » (Cave-Hunting, p. 57). Il se base, pour soutenir cette thèse, sur ce que les cavernes du Peak en Derbyshire (dont je parlerai tout à l'heure) traversent à angle droit deux, sinon trois failles. Or, non seulement les failles servent de canaux d'ascension à quantité de sources ordinaires, minérales et thermales (*), mais encore les exemples de grottes ou d'abimes pratiqués aux dépens de véritables failles ne sont pas rares : j'ai décrit ou cité moi-même (**) ceux du Boundoulaou (Aveyron), du Tindoul de la Vayssière (Aveyron), de l'Igue de Simon (Lot), des Vitarelles (Lot), de Montmège (Dordogne), de Padirac (***) (Lot), etc., auxquels une importante étude de M. F. Mazauric vient d'ajouter celui, très caractéristique, du *spélunque de Dions* (****) (Gard). L'existence fréquente de cavernes au sein des failles ne peut plus être mise en doute. Elle avait été, d'ailleurs, parfaitement reconnue par Desnoyers (mémoire cité).

Action des eaux dans les cavernes. — Examinons maintenant comment les eaux ont agi pour transformer en cavernes les cassures du sol.

Origine des eaux souterraines. Infiltrations. — Il est probable que toutes les eaux souterraines ont pour origine les produits de la condensation atmosphérique, précipités sous forme de pluie et de neige, et partiellement engloutis dans les différents *méats* des terrains perméables : soit dans les interstices des formations meubles, soit dans

---

(*) Daubrée, Eaux souterraines, I et II, *passim;* la Touvre, Vaucluse, etc.

(**) Les Abimes, p. 173, 179, 240, 309, 320, 365, 537.

(***) *Comptes rendus de l'Académie des sciences,* 21 octobre 1895.

(****) *Mémoires de la Société de Spéléologie,* n° 2. février 1896.

les crevasses des roches fissurées ouvertes à la surface
même du sol. Cet enfouissement se nomme l'*infiltration*,
par opposition au *ruissellement*, qui laisse les eaux météoriques s'écouler à l'air libre sur les pentes des terrains
imperméables.

Eaux thermales. Inaccessibilité de leurs canaux. —
Suivant qu'elles sont ou non arrêtées dans leur descente par des lits imperméables intercalaires, les eaux
infiltrées ne pénètrent pas très bas dans l'épaisseur de
l'écorce terrestre, ou bien elles s'enfoncent, au contraire,
profondément ; les premières forment les nappes *phréa-
tiques (Grundwasser*, eaux de puits) des terrains meubles
et les sources *ordinaires*, qui jaillissent aux points où une
dépression quelconque recoupe une roche perméable
superposée à une roche imperméable ; ces sources sont
froides ou *tempérées* (inférieures à 25° C.) ; les secondes,
après s'être réchauffées plus ou moins bas dans la terre,
remontent, de plusieurs kilomètres parfois (*), très souvent
par des failles (sources thermo-minérales, et géother-
males, geysers, etc.). Sauf accidentellement dans des
mines, les canaux et cavités que parcourent ces dernières
n'ont pas été jusqu'à présent accessibles à l'homme.

Il est vrai que Miss Luella Owen vient de signaler que
la grande *caverne du Vent* (Wind Cave, près Hot-Springs,
Dakota) (**), serait, croit-on, « le lit d'un geyser éteint »,
présentant encore cette particularité de *souffler* parfois
de violents coups de vent ; mais cette sommaire indica-

(*) Delesse (Recherches sur l'eau dans l'intérieur de la terre)
pense qu'à 18.500 mètres seulement, à 600° de chaleur, l'équilibre
se produit entre le poids des roches et la force élastique de la
vapeur d'eau. Il y a, d'après lui, de l'eau souterraine libre jusqu'à
18.500 mètres.

(**) 210 chambres et 156 kilomètres de couloirs déjà connus (?) ; profondeur atteinte, 300 mètres.

Cavernes américaines (*Bulletin de la Société de Spéléologie*, n° 5,
1er trimestre 1896).

tion, si nouvelle, devra être contrôlée par un examen scientifique approfondi.

Réfutation de l'origine geysérienne des abîmes. — L'obstruction (probablement universelle) des cassures du sol ayant servi de canaux ascensionnels aux sources thermo-minérales aujourd'hui taries, doit contribuer à la réfutation définitive d'une trop séduisante théorie ; c'est celle qui a été mise en avant pour expliquer l'origine d'une catégorie toute spéciale de cavités, les grands puits naturels verticaux qui méritent si bien le nom d'*abîmes* et qui, maintenant encore, à la différence des geysers et volcans éteints, restent vides jusqu'à une notable profondeur. D'Omalius d'Halloy, le premier, a voulu voir dans ces abîmes des *cheminées d'éruptions geysériennes* ; il prenait pour résidu de la dernière éjaculation les argiles ferrugineuses (*sidérolithiques*) trouvées autour et au fond de ces gouffres; Scipion Gras, MM. Bouvier, Lenthéric et P. Raymond l'ont suivi dans cette opinion (*).
Je répéterais ce que j'ai dit ailleurs, si je rappelais longuement comment les profondes descentes que les Autrichiens et nous-mêmes avons opérées jusqu'à 200 et même 300 mètres sous terre, dans ces étroites cassures à pic, ont démontré aussi la fausseté de cette hypothèse geysérienne (**). Certes, les véritables *cheminées* de la Kaëna-Jama (***) (Istrie ; 213 mètres), la grotte des Morts (Istrie : 255 mètres), Vigneclose (Ardèche ; 190 mètres), Jean-Nouveau (Vaucluse ; 163 mètres), Rabanel (Hérault ; 212 mètres), Trouchiols (Aveyron ; 130 mètres), etc., etc., excusent, par leur seule coupe, l'idée qu'on a eue d'en faire

---

(*) Adoptée partiellement par M. Parandier (*notice citée.* p. 7 et 20, et *Compte rendu sommaire des séances de la Société géologique,* 15 juin 1896, p. cxiv).

(**) Les Abîmes, p. 38, 48, 475 et 519; *la Nature,* n° 1049, 24 juin 1893 (abîme de Jean-Nouveau).

(***) V. J. Marinitsch, La Kaëna-jama, *Mémoires de la Société de spéléologie,* n° 3, avril 1896.

des *évents* d'eaux profondes. (N'a-t-on pas même été jusqu'à traduire ainsi le mot *aven* qui, d'après M. Daubrée (*),
paraît venir bien plus naturellement du celtique *avain*,
ruisseaux, en bas-breton *awen?*) Mais elles ne suffisent pas
pour la justifier ; et leurs dispositions intérieures la con-
damnent complètement ; elles contiennent presque toutes
des cloisons intermédiaires et des corniches (ou redans), que
la force éruptive interne eût certainement emportées et
nivelées. Si la plupart de ces tuyaux sont bouchés au fond,
c'est souvent par les matériaux qui y sont tombés depuis des
centaines de siècles ; quelques-uns sont greffés sur de vastes
cavernes en pente douce où circulent encore parfois les
crues de rivières souterraines (Rabanel et Kačna-Jama) ;
il en est de même de beaucoup d'autres puits naturels
maintenant connus : Trébič (Istrie ; 322 mètres), Padrič
(Istrie ; 270 mètres), Gradisnièa (Carniole ; 225 mètres),
Bassovizza (Istrie ; 205 mètres), Viazac (Lot ; 155 mètres),
la Bresse (Aveyron ; 133 mètres), Hures (Lozère ;
130 mètres), etc., qui, non seulement communiquent avec
des grottes nullement verticales, mais encore sont formés
d'une série de *bouteilles* superposées, indiquant nette-
ment l'action des eaux superficielles engouffrées et tour-
noyantes : je me suis trop étendu, dans mes précédentes
publications, sur cette véritable origine de la plus grande
partie des puits naturels, pour y insister de nouveau ici.
Il suffira de retenir que, si ceux qu'on n'a pas trouvés obs-
trués par des matériaux de transport aboutissent tous à
des galeries développées surtout dans le sens horizontal,
c'est uniquement parce que l'eau perforante a dû changer
son mode de descente, en atteignant des couches de terrain imperméable ; au contact des formations argileuses,
elle a remplacé la chute verticale par un écoulement dans
le sens du pendage, à la base des roches perméables fis-

(*) **Eaux souterraines, I, p. 297.**

surées. Si le puits supérieur était une cheminée geysérienne, pourquoi donc serait-il brusquement prolongé
par une galerie en pente douce ?

Terra Rossa. — Enfin, de savants géologues (*) ont
contribué à faire abandonner l'hypothèse de d'Omalius
d'Halloy, en démontrant que l'argile rouge (*terra rossa*
du Karst), dite sidérolithique, n'est que la « cendre insoluble du calcaire » (Mojsisovics), le résidu de la « décalcification » (Munier-Chalmas) des roches calcaires, débar-
rassées de leur carbonate de chaux par la *corrosion*,
ou action chimique des eaux météoriques acidulées. Cette
cendre n'a rien d'éruptif; son origine est purement hydrologique.

Je viens d'empiéter sur ce que j'aurai à dire bientôt des
abîmes; mais la réfutation de la *théorie geysérienne* rentre
bien dans l'étude de l'origine des cavités du sol; de plus,
j'ai établi ainsi que l'allure des eaux thermales remontantes
et leurs effets sur les cassures n'ont pas pu, jusqu'à présent,
être examinés pratiquement; les travaux de mines eux-
mêmes n'ont guère permis que des conjectures théoriques.
Je reviendrai sur ce sujet dans la troisième partie du
présent mémoire.

ÉTUDE DES EAUX DANS LES CAVERNES. — Au contraire,
les eaux d'infiltration ordinaires ont pu être atteintes et
étudiées matériellement, jusqu'à un peu plus de 300 mètres
au-dessous de la surface du sol (à la Kačna-Jama,
305 mètres, et à Trébič, 322 mètres ; V. ci-dessus). Et
le principal résultat des explorations faites en France et
en Autriche, depuis dix ans, a été justement de faire
mieux connaître « les dispositions indéfiniment variées par
lesquelles les lithoclases déterminent et dirigent la circu-

(*) Fuchs, Neumayr, Leenhardt, Van den Broeck, Diener, Cvijić, etc.
V. **Les Abîmes**, p. 519.

lation des eaux souterraines » ; elle a rendu praticable
cette « classification rationnelle de ces mécanismes », que
M. Daubrée, en 1887, déclarait « très difficile, sinon
impossible, si l'on tient compte de l'impuissance où se
trouve l'observateur de suivre ces dispositions jusqu'à une
grande profondeur » (Eaux souterraines, I, p. 129).

Pénétration profonde par les abîmes. — Cette œuvre
de pénétration profonde, si importante pour la connaissance
et la régularisation artificielle du régime des sources, pour
la main-mise sur une foule de réservoirs souterrains
inutilisés, en est à peine à ses débuts : elle est restée,
jusqu'à présent, dévolue à l'initiative privée de trop petits
groupes de spécialistes ; il lui faudra l'appui des pouvoirs
publics et le concours de nombreux adeptes pour progresser
comme elle doit le faire. La *traversée* complète d'un
des grands Causses languedociens sur 400 à 500 mètres
d'épaisseur, de la gueule d'un haut aven à l'issue d'une
source basse, n'a pas encore pu être effectuée, à cause des
difficultés qu'elle présente et des coûteux travaux qu'elle
entraînerait. Bien que l'eau, certainement, la réalise, il
n'est même pas encore prouvé qu'elle soit matériellement
possible pour l'homme.

Les gouffres jusqu'ici explorés ont, en effet, conduit aux
constatations et réflexions suivantes.

Il en est deux qu'on a débouchés, l'un très facilement,
le Tindoul de la Vayssière (Les Abîmes, p. 68 et 239),
l'autre, à l'aide de travaux considérables, le Trébié
(V. *suprà*) et qui ont mené à des rivières souterraines.

Il en est un au contraire qu'on a rebouché en y jetant
des pierres : c'est celui de Calmon (Lot ; Les Abîmes, p. 330),
où MM. Pons et l'abbé Albe, en 1895, n'ont pas pu
refaire (*) notre première exploration de 1892.

(*) *Spelunca*, n° 4, 1895, p. 130.

Il en est un autre où les travaux d'élargissement ont
dû être arrêtés, devant la persistance du rétrécissement
des parois ; c'est la grotte des Morts, près de Trieste
(Les Abîmes, p. 475), qui a inutilement fait perdre
20.000 francs et quatre vies humaines.

Ceux où il faudrait essayer la désobstruction se
présentent, au fond atteint actuellement, sous trois
aspects différents :

1° Bouchés par des talus de pierres, des amas de sable,
ou des concrétions stalagmitiques, à travers lesquels
l'eau filtre, et dont l'accumulation n'est peut-être due
qu'à un court rétrécissement des fissures naturelles :
ainsi Gaping-Ghyll (Yorkshire, Angleterre) (*) absorbe,
dans son fond de gravier, la cascade qui se précipite
dans sa cheminée haute de 100 mètres et qui, 1.600 mètres
plus loin et 50 mètres plus bas, ressort à Ingleborough-
Cave ; — Trouchiols (Causse Noir ; 130 mètres) se
termine de même, et ses eaux de suintement doivent
reparaître par une source riveraine de la Dourbie ;
mais ici la descente inconnue atteint l'épaisseur de
270 mètres. Qui sait s'il ne suffirait pas d'un léger
déblai dans les éboulis des avens de Dargilan, de Fontlongue.
de Ganges et de Jean-Nouveau, pour conduire aux prolon-
gements des grottes de Dargilan (Lozère), Saint-Marcel
(Ardèche), Ganges (Hérault) et aux canaux mystérieux
de Vaucluse? Les stalagmites ou les pierres une fois
enlevées au Marzal et à Vigne-Close (Ardèche), à Planagrèze et aux Brantites (Lot). à Padrić et à la Kosova-
Jama (Istrie) (**). etc.. que ne trouverait-on pas en
arrière ?

2° Arrêtés, en apparence, par une argile imperméable,
plus ou moins imprégnée d'eau : à lou Cervi (Vaucluse), à

(*) E.-A. Martel. *Comptes rendus de l'Académie des Sciences*, 6 janvier 1896 ; et *la Nature*, n° 1182, 25 janvier 1896.
(**) *Spelunca*, n° 1 (1895).

Rabanel (Hérault), à Viazac (Lot). Se trouve-t-on alors en présence d'une alluvion souterraine et d'un résidu de décalcification, ou bien au sommet d'une zone intercalaire de marne argileuse formant niveau d'eau? Dans le premier cas la désobstruction du bouchon peut réussir. Pour le second cas, j'exprimais, en 1889 (*), à la suite de ma première campagne, la crainte « qu'à la base des dolomies supérieures des Causses, le couronnement argileux des marnes constituât une couche imperméable »; et je me demandais si les eaux retenues par ces marnes se déversent plus bas par de menues gerçures de suintement, ou bien, comme l'a indiqué M. Fabre, par des failles (ou diaclases) coupant les plans d'eau superposés aux marnes. La question reste pendante: dans les zones marneuses, plus ou moins pâteuses et délayables, le hasard et le déblaiement peuvent seuls faire découvrir des fentes assez larges et assez libres pour livrer passage à l'homme et lui permettre de suivre l'eau.

3° Terminés, après une plus ou moins longue descente de grand diamètre, par des fissures si étroites qu'on peut les dire capillaires : à Combelongue (Causse Noir), j'ai pu, en vrai ramoneur, descendre dans une cheminée de ce genre, de 30 à 50 centimètres de diamètre, pendant 25 mètres; plus bas, la fissure se prolongeait d'autant au moins, mais avec 15 centimètres seulement de diamètre; à l'abîme de Hures (Causse Méjean), l'exploration de M. Arnal (en 1892) a été arrêtée par un gros tronc fermant une crevasse (à 130 mètres sous terre), dans laquelle les pierres tombaient beaucoup plus bas; se rétrécissant ainsi, le trou de Champniers (Charente) m'a empêché d'arriver aux réservoirs inconnus de la Touvre ; de même, j'ai rencontré pareil obstacle dans les petits gouffres de

---

(*) *Bulletin de la Société géologique*, 3ᵉ série, t. XVII, 20 mai 1889, p. 619.

Cong (Irlande), qui ne m'ont pas permis d'atteindre les
communications souterraines existant entre les deux
loughs (lacs) Mask et Corrib. Le Katavothre de Gatzouna
(Péloponèse) se continue par une fissure impénétrable d'au
moins 18 mètres de profondeur (Les Abimes, p. 510;
V. aussi p. 113, 203, 207). Que donnerait l'élargissement
de ces fentes? l'échec de la grotte des Morts? ou
l'étonnant résultat de Trébic? Les sources basses du
Causse Méjean, toutes siphonnantes à plus ou moins brève
distance, sont, sans doute possible, la fin de courants
souterrains, comme ceux du Tindoul, de Padirac, du
Mas Raynal, des Combettes, de la Piuka! Tenant compte
de la distance, et de la pente de ces rivières intérieures
(qui atteint parfois 15 p. 100), et se rappelant qu'elles ont
pu être rejointes naturellement par les gouffres eux-mêmes,
là où l'épaisseur du plateau ne dépasse pas 100 mètres,
il est absolument permis d'espérer à Hures un nouveau
Trébic, peut-être guère plus profond, et menant à
l'aqueduc-réservoir d'une source. A cause de la grande
différence d'altitude, il est probable que le *soutirage* du
drainage a été assez énergique pour pratiquer de larges
canaux de descente. Tout est subordonné, comme dans le
cas précédent, à la teneur en argile des zones intermédiaires entre les abimes et les sources et au degré de
colmatage souterrain des fentes naturelles de ces zones.

L'aven de Hures, que je viens de citer, est un des premiers dont il faille tenter la désobstruction. C'est celui
qui présente le plus de chance de pénétrer de part en
part un grand Causse, plus puissant que le Larzac au Mas-
Raynal. Quand une telle pénétration réussira, on y résou-
dra sans doute de capitaux problèmes hydrologiques. C'est
une entreprise de l'avenir, aujourd'hui amorcée à ses
deux extrémités : mais sa réalisation exigera des travaux qu'un particulier ne saurait entreprendre.

Il y a des cavités où l'échappement intérieur des eaux

s'est fait, ou se fait encore, par des fissures de plus en plus rétrécies, mais à un niveau inférieur à toutes les plaines et vallées environnantes ; ou, du moins, si peu différent, qu'on ne connaît aucune fontaine pouvant servir d'issue à ces eaux : telles sont les grottes de Mitchelstown (Irlande), Cravanche (près Belfort), Miremont (Dordogne), etc., et les pertes de la mer à Argostoli (Céphalonie ; V. Les Abîmes, p. 522). Bien qu'on soit sûr par là de ne jamais déboucher au dehors, il n'en serait pas moins curieux de désobstruer aussi de telles extrémités : on y pourrait recueillir des données sur les conditions de descente de ces eaux, qui sans doute ne remontent au jour qu'après un assez bas voyage plus ou moins réchauffant, ou qui vont alimenter les nappes profondes et les nappes artésiennes.

Actuellement, ce qui a déjà été fait depuis la rénovation des explorations souterraines et le perfectionnement industriel de leurs méthodes, permet d'expliquer au moins comment les eaux d'infiltration ont matériellement opéré pour agrandir les lithoclases.

Érosion et corrosion. — La plus vive controverse s'était élevée à ce sujet entre les géologues ; les uns affirmant que l'*érosion*, ou action mécanique de l'eau en mouvement charriant des graviers, galets, etc., était prépondérante ; les autres, que la *corrosion* ou action chimique de l'eau chargée d'acide carbonique l'emportait. Il serait oiseux d'expliquer ici ce que l'on entend par ces deux termes si connus.

Mieux vaut établir, à l'aide d'exemples bien choisis, que, comme dans la plupart des théories relatives aux cavernes, aucune des deux n'est ici absolue : il faut, pour appliquer l'une de préférence à l'autre, distinguer entre les diverses sortes de terrains. Il faut surtout généraliser et proclamer, encore avec M. Daubrée, dont toutes les vues théoriques ont reçu, des dernières recherches pratiques, les plus éclatantes confirmations, que, dans les cavités naturelles, « l'action des eaux d'infiltration a été et est encore *à la fois* mécanique et chimique » (Eaux souterraines, I, p. 299).

Vouloir déterminer, d'une manière générale, la part précise de chacune de ces deux actions, c'est poursuivre un problème aussi vain qu'insoluble.

Trois principes seulement peuvent être posés et reconnus dès maintenant comme définitifs :

1° La corrosion l'emporte dans la destruction des roches solubles comme le gypse et le sel gemme ;

2° L'érosion domine dans le creusement des grottes marines et de certaines cavernes volcaniques ;

3° Mais ces deux effets « s'exercent d'ordinaire ensemble, et ne doivent pas être étudiés séparément (*) » (De Lapparent).

J'ai donné plus haut suffisamment d'exemples du premier principe, en parlant des cavités qui se forment sous l'action de l'eau seule, abstraction faite de toute fissuration préexistante. D'ailleurs, « il n'est pour ainsi dire aucune substance qui soit complètement insoluble » (Delesse).

Érosion. Grottes marines. — Le deuxième principe trouve sa principale confirmation dans cette observation universelle, que *les grottes des rivages maritimes sont creusées dans des terrains bien plus variés et bien plus résistants que les cavernes de l'intérieur des terres.* Assurément l'eau de mer est, jusqu'à un certain point, corrosive ; mais n'est-ce pas plutôt par les chocs violents et réitérés de ses vagues de tempêtes qu'elle a pu creuser ces *puffing-holes*(**) perforés de bas en haut, ces ponts naturels,

---

(*) DE LAPPARENT, Leçons de géographie physique. p. 228 ; Paris. Masson, in-8°. 1896.
(**) V. E.-A. MARTEL, *la Nature*, n° 1196, 2 mai 1896.

ces portails énormes et ces cavités parfois profondes : à Crozon, dans les granites bretons, — à Jobourg, dans les schistes du Cotentin, — au Trayas (Var), dans les porphyres de l'Estérel, — aux îles Lipari, dans des coulées trachytiques (*), — aux falaises de Kilkee et du Donegal (Irlande), dans les schistes ardoisiers carbonifères, — à la Chaussée des Géants (Irlande), à la grotte de Fingal (îles Hébrides, Staffa), dans les denses et ferrugineux basaltes, — à Helgoland (mer du Nord), dans les grès bigarrés du trias, — à l'île de Thorgatten, enfin, dans les vieux gneiss norwégiens (**).

Toutes ces roches silicatées, quoique attaquées dans une certaine mesure par l'eau et l'air chargés d'acide carbonique, ne se désagrègent-elles pas surtout par les coups furieux d'une sape et d'une mitraille intermittentes, plutôt que par l'effet continu d'une lente dissolution? (V. De Lapparent, Traité de Géologie, 3ᵉ édit., p. 227 et 319, etc.) Je n'ai pas vu encore la fameuse caverne de Surtshellir, en Irlande, qui a, dit-on, plus de 1.500 mètres de longueur dans la lave ; mais je suis bien convaincu qu'elle est due à l'élargissement de fissures de refroidissement, par l'érosion d'un cours d'eau, qui cherchait sa route sous la coulée, ou qui y retrouvait un ancien lit de rivière comblé par cette coulée (***). La corrosion paraît borner son effet sur le basalte à le revêtir d'une couche d'oxyde de fer qui devient plutôt protectrice ; j'ai bien étudié la Chaussée des Géants à ce point de vue : les galets et fragments de prismes qui en forment les plages, n'ont nullement l'aspect spongieux des fragments détachés des falaises calcaires ; bien souvent ils sont *roulés*, malgré leur dureté,

---

(*) V. la belle publication de l'Archiduc Salvator, Die Liparischen Inseln, 8 fascicules in-folio ; Prague, Mercy, 1893-1896.

(**) V. E.-A. Martel, *la Nature*, n° 1176, 14 décembre 1895.

(***) V. De Lapparent, Leçons de géographie physique, p. 238.

jamais rongés : c'est assurément par choc mécanique et non par usure chimique que leurs prismes se dissocient.

Je crois devoir répéter ici, pour mettre fin à la controverse, ce que j'ai déjà dit (*). Du moment que l'on explique « surtout par l'érosion les crevasses gigantesques des *cañons*, les accidents étranges des *Erd-Pyrami-den*, cheminées des fées, obélisques naturels, ponts de rochers, etc. (**), il est irrationnel de ne pas concéder aux ondes souterraines la puissance que l'on prête aux flots superficiels, alors surtout que, emprisonnée dans les étroitesses des cavernes, l'eau doit acquérir par *pression hydrostatique* une force considérable qui multiplie les énergies destructives ».

Corrosion : ses trois preuves. — Quant au troisième principe, n'importe quelle grande grotte à rivière souterraine des terrains calcaires montrera juxtaposés, aux yeux les moins clairvoyants, les doubles et distincts, quoique simultanés, effets de la corrosion et de l'érosion : au Tindoul de la Vayssière (Aveyron), à la Poujade (Aveyron), à Han-sur-Lesse (Belgique), à la Piuka d'Adelsberg (Autriche), à Marble-Arch (Irlande), etc., en un mot partout où l'eau passe ou a passé dans les galeries calcaires souterraines, la corrosion se révèle par trois indices.

1° **Cupules et rayures.** — Premièrement : l'aspect tourmenté des parois, *cupulées*, creusées de petites cavités peu profondes, mais très rapprochées, ou *rayées* de rigoles plus ou moins sinueuses et accentuées ; cet aspect varie à l'infini selon le degré de résistance du calcaire ; dans certaines *igues* (gouffres) du Causse de Gramat, la roche semble perforée de véritables trous de vers discontinus,

---

(*) Les Abîmes, p. 538 ; — V. Kraus, Höhlenkunde, p. 91.
(**) V. De Lapparent, Traité de Géologie, 3ᵉ édit., p. 158 et 183 ; — Géographie physique, p. 157 et suiv.

comme une pomme gâtée : au Tindoul, à Adelsberg et dans les calcaires carbonifères d'Irlande, noirs et compacts, les assises en place et les blocs éboulés sont, dans le sens du courant, zébrés de petites rigoles longitudinales parallèles, comme celles que les cinq doigts de la main pourraient tracer dans une argile humide ; ce curieux effet est si trompeur, que j'ai souvent pris pour de la glaise molle la pierre ainsi corrodée : il rappelle tout à fait les *Lapiaz, Rascles, Schrattenfelder, Karrenfelder*, des massifs calcaires alpestres (*). Si la roche est plus tendre, elle devient friable sur 1 ou 2 centimètres d'épaisseur, décomposée par l'acide de l'eau et se délitant alors sous la main ; c'est ce qu'on observe à l'igue de Biau (Lot) (Les Abimes, p. 303) et à la sortie de la source de Fonderbie, près de Limogne (Lot), que j'ai visitée en 1895, et dont la galerie, praticable sur 230 mètres en temps de sécheresse, est principalement l'œuvre de la corrosion.

Je pourrais multiplier en grand nombre les preuves authentiques de corrosion : peut-être les plus curieux effets de ce genre que j'aie jamais observés sont-ils ceux du Lough-Mask, dans l'Irlande occidentale (juillet 1895) ; ce lac (altitude, 19 mètres ; profondeur, 38 mètres), sans émissaire aérien, est séparé du Lough-Corrib (altitude, 9 mètres ; profondeur, 37 mètres) par un isthme de calcaire carbonifère de 3 à 5 kilomètres de largeur, et de moins de 100 mètres d'altitude : la communication entre les deux lacs est souterraine, et se manifeste par la sortie des eaux aux nombreuses sources de Cong (à la tête du Lough-Corrib) ; j'ai dit plus haut que les gouffres et cavernes de l'isthme

---

(*) V. Les Abimes, p. 110 et 519 ; — SIMONY, Das Dachstein-Gebiet ; Vienne. Hölzel, 1891-1895. in-4° ; — DE LAPPARENT, Traité de Géologie, 3° édit., p. 315 : — Émile CHAIX, Topographie du désert de Platé (Haute-Savoie). *Le Globe* (Société géographique de Genève), t. XXXIII (3° série, t. V. *Mémoires*. p. 67-108).

ne m'avaient pas permis d'accéder au tunnel naturel, dont on supposait ici l'existence (Daubrée, Eaux souterraines, t. I, p. 351).

Mais j'ai relevé sur la rive méridionale du Lough-Mask, près des antiques et modestes ruines de la petite abbaye de Rosshill, les preuves suivantes de l'action chimique de l'eau (*) : la grève est couverte de gros blocs de calcaire carbonifère noir, dont toutes les faces, creusées de cupules, profondes de 5 à 10 centimètres, semblent de véritables écumoires ; il faut que les pluies (ou les hautes eaux du lac) soient singulièrement chargées d'acide carbonique pour ronger à ce point une pierre aussi compacte. Et si l'eau du Lough-Mask, infiltrée sous l'isthme de Cong, y a *mangé* la roche de pareille façon, il est très possible que la corrosion ait suffi à frayer un passage au liquide entre les parallélipipèdes de la pierre ; qu'elle ait fait de l'isthme une véritable éponge à larges pores, sans que l'érosion ait eu besoin d'y façonner les *joints* et les diaclases en ces larges et longues galeries, que nous sommes habitués à rencontrer partout sous les terrains calcaires. D'ailleurs, la faible altitude générale de la contrée au-dessus du niveau de la mer ne laisse qu'une très légère pente aux eaux souterraines (8 mètres pour 4 kilomètres environ, soit 2 pour 1.000), ce qui diminue naturellement la puissance de leur action mécanique. Quant aux effondrements superficiels qu'on remarque sur l'isthme, ils peuvent être parfaitement produits par les seuls effets de la corrosion, au-dessus des points où l'eau souterraine acidulée a le plus énergiquement dissocié la roche intérieure.

(*) D'autres analogues. sur les bords du Lough-Corrib. avaient déjà vivement frappé Kinahan (Valleys, p. 143), qui, d'après le professeur Melville de Galway, attribue à la décomposition acide des mousses et lichens une grande part dans ces effets.

Ajoutons qu'en 1846-1847, durant la famine des pommes de terre, on entreprit là un grand travail : tant pour fournir de l'ouvrage aux populations affamées, que pour créer une communication aérienne entre les deux lacs, on creusa, de l'un à l'autre, et à même le roc, un canal sinueux de près de 7 kilomètres. D'un seul élément on avait omis de tenir compte : la fissuration et, par suite, la perméabilité du calcaire; jamais le canal ne put tenir l'eau, qui en traversait le fond comme un simple tamis. Il subsiste toujours à l'état d'immense fossé sec, qu'on a nommé « la grande bévue ».

Quatre fois, paraît-il, en 1178, 1190, 1647 et 1683, la rivière qui sort du Lough-Corrib, vers Galway, a tari subitement. M. Kinahan suppose qu'il avait dû alors se rouvrir provisoirement quelqu'un de ces déversoirs souterrains, qui existaient jadis encore plus nombreux que maintenant dans les lacs d'Irlande, et que des causes diverses, telles qu'un affaissement du sol ou une obstruction par le sable, ont supprimés depuis dans les bas-fonds lacustres (Kinahan, Valleys, p. 159 et 161).

2° **Amas d'argile rouge.** — Deuxièmement : les amas d'argile rouge qui, dans l'intérieur des cavernes, sont aussi souvent, il faut le reconnaître, le produit local de la décomposition chimique du calcaire que des alluvions apportées de l'extérieur. Fréquemment ces amas ont bouché des galeries rétrécies qu'il serait facile de désobstruer (Les Abîmes, p. 539).

3° **Dépôts extérieurs de tufs.** — Troisièmement : au débouché des rivières souterraines, les tufs ou travertins, souvent considérables, déposés principalement quand l'eau sort en cascades, dont la chute facilite l'évaporation : l'excédent du carbonate de chaux enlevé par l'eau aux roches internes se précipite alors de nouveau, formant la contre-partie du résidu argileux laissé à l'intérieur (Salles-la-Source et source de la Sorgues, Aveyron; — grotte de Baume-les-

Messieurs, à la source du Dard, Jura (*); — la Boudène,
Gard (**); — etc.).

Érosion : ses preuves. — Passant maintenant aux effets
de l'*érosion*, nous verrons qu'elle est bien le principal auteur
des *décollements* (***) de strates qui forment tant d'éboulements; presque toutes les rivières souterraines ont leur
cours plus ou moins barré par des portions d'assises
rocheuses tombées en travers de leurs lits ; il suffit pour
cela que l'eau chasse, dans les *joints* des strates, les graviers et même les galets, que sa pression d'amont en aval
enfonce de plus en plus, comme un coin dans une pièce
de bois ; à la longue, le coin fait éclater le *joint*, et il suffit que la disposition des *lithoclases*, perpendiculaires ou
obliques aux joints, s'y prête, pour qu'une forte portion de
strate généralement parallélipipédique se détache de la
voûte ou de la paroi ; dans sa chute, souvent la strate
se brise en gros ou menus fragments ; ceux-ci, roulés
par l'eau, vont faire coin à leur tour entre les strates
d'aval ; ceux-là, plus ou moins immergés, achèvent de se
désagréger sous le choc ou la morsure du courant
(V. Les Abîmes, p. 540). Ce *processus* est particulièrement
bien indiqué dans la rivière souterraine du Tindoul et de
Salles-la-Source et dans la belle source d'Arch-Cave, près
Enniskillen (Irlande), que j'ai explorée, en 1895, avec
M. Jameson.

Dans la craie blanche, où je citerai l'antre immense de
Miremont ou Cro de Granville (****) (Dordogne ; 4.900 mètres
de développement), et les curieuses petites grottes natu-

(*) V. E. Renault, *Tour du Monde*, mai 1894.

(**) V. F. Mazauric, *Spelunca*, n° 3, 1895, p. 87.

(***) Ce sont ces décollements de strates qui, à Adelsberg, ont fait
imaginer par Schmidl des chutes de *cloisons* mettant en communication
des chambres préexistantes (Adelsberg, p. 133 et 198).

(****) V. *Annales des Mines*, t. VII, 1822, par Allou : — et chap. xx des
Abîmes.

relles de Caumont (Eure), le milieu est si tendre et délayable qu'il est impossible de distinguer l'une de l'autre la corrosion et l'érosion.

Coupoles des voûtes. — Cependant, c'est assurément cette dernière qui a creusé dans les voûtes un certain nombre de cavités en forme de coupoles, vraies marmites de géants renversées; on en rencontre dans toutes les cavernes, même dans les calcaires si durs de Peak-Cavern (Derbyshire) et d'Ingleborough (Yorkshire): elles sont dues au tournoiement de l'eau sous pression. Enfin, les angles émoussés, les surfaces polies comme du marbre, les galets roulés, les larges gouttières d'écoulement, etc., abondent suffisamment pour trahir à chaque pas l'énorme importance de l'érosion.

Et il faut bien conclure que, pour les rivières souterraines, et dans les formations calcaires, l'action chimique et l'action mécanique ne doivent et ne peuvent pas être considérées comme agissant séparément.

CIRCULATION DES EAUX D'INFILTRATION DANS LES CAVERNES. — Ayant ainsi établi comment l'eau d'infiltration agit sur les roches et élargit les joints et les lithoclases en cavernes, examinons sa circulation souterraine, qui comprend: 1° le mode d'introduction dans le sol; — 2° celui de l'écoulement ou de la propagation à l'intérieur; — 3° celui de la sortie sous forme de sources.

1° *Pénétration des eaux dans le sol.* — Les eaux météoriques pénètrent dans les fissures des terrains crevassés de diverses manières: ou bien goutte à goutte et inégalement vite, dans les toutes petites fentes (leptoclases) plus ou moins bien obturées par la terre végétale ; c'est ce qu'on nomme particulièrement le *suintement ;* — ou bien sous forme de ruisseaux nés sur des terrains imperméables et qui, amenés par leur pente au

contact des formations crevassées, s'y perdent subitement
dans des fentes assez larges pour les engloutir en entier;
le terme d'*absorption* est généralement consacré à ce
deuxième mode de pénétration. Les fentes d'absorption
elles-mêmes sont de trois sortes : *entonnoirs* sans profondeur
remplis de terre, de bois mort et d'autres matériaux de
transport, entre lesquels l'eau seule peut trouver un
passage ; ce sont les *bétoires* de Normandie ; les *pertes*
du Ventoux, de la Charente, d'Issendolus (Lot), les
Sauglöcher (suçoirs) des Autrichiens, les *swallow-holes*
(avaloirs) des Anglais, les *Aiguigeois* de Belgique, les
ponors de Dalmatie, etc., etc.; ils sont bouchés pour
l'homme; — *cavernes* à pente douce ou rapide (Han-sur-
Lesse, Adelsberg, Bramabiau, Réveillon, etc.), où le
courant peut être suivi plus ou moins loin ; et pour
lesquelles j'ai proposé le nom de *goules*, usité dans
l'Ardèche; les grands *Katavothres* de Grèce ont généralement cet aspect; — *puits verticaux*, enfin, où le ruisseau
se précipite en cascade dans l'*abîme*.

La plus grande confusion règne dans la nomenclature
de ces trois sortes de puits d'absorption : MM. Kraus (*),
Cvijić et moi-même nous n'avons pas pu encore identifier
dans une bonne classification les innombrables noms locaux
qui, en France et en Autriche surtout, s'emploient trop
souvent les uns pour les autres. — Celui de *puits naturels*
reste le plus exact ; et celui d'*abîme* (*aven* dans une
partie de la France) convient bien aux noirs gouffres profonds, dont j'ai exploré plus de cent depuis 1888. Cette
dernière catégorie de cavités naturelles, ainsi percées à
pic dans la terre, est peut-être celle qui a donné lieu aux
plus vives polémiques.

J'indique tout de suite que, dès mes premières descentes,
j'ai considéré en principe les abîmes comme formés de

(*) Höhlenkunde, p. 138.

haut en bas, par l'action chimique et mécanique à la fois d'eaux engouffrées dans de grandes diaclases verticales.

Origine des abîmes. — **Creusement de haut en bas par les eaux.** — Ma dernière campagne en Grande-Bretagne (1895) n'a fait que me confirmer dans cette idée. Les abîmes d'Irlande et d'Angleterre, en effet, à la différence de ceux des Causses et du Karst, fonctionnent encore en tant que puits d'absorption superficielle ; la pénible descente, surtout, que j'ai effectuée, le 1er août 1895, dans celui de Gaping-Ghyll (*), profond de 100 mètres, au milieu même de la cascade qui y tombe, a été l'irréfutable démonstration matérielle qu'il n'y a point là de cheminée geysérienne, et que l'érosion (choc de la colonne d'eau et des pierres qu'elle entraîne) est un puissant facteur d'élargissement nullement exclusif, d'ailleurs, de la corrosion ; cette décisive investigation me dispense de résumer les preuves accumulées lors de mes recherches (**), et attestant que la grande majorité des puits naturels a bien été *creusée* de haut en bas comme de colossales marmites de géants, plus larges en bas qu'en haut, à cause de l'échappement des eaux par la partie inférieure. Je suis absolument affirmatif sur ce point. Ceux qui n'absorbent plus d'eau actuellement peuvent être considérés comme *morts* ; la plupart ont conservé, d'ailleurs, sur un côté de leur orifice, un thalweg ou un ravinement tracé par les courants d'antan (***). A l'intérieur, certains

(*) V. le récit et les résultats détaillés de cette expédition dans *Comptes rendus de l'Académie des Sciences*, 6 janvier 1895 : — *la Nature*, nᵒ 1182, 25 janvier 1896 : — et *Annuaire du Club alpin-français* pour 1895.

(**) V. Les Abîmes, chap. XXIX, p. 316, 336, 171, etc.

(***) En dehors de la Grande-Bretagne, je citerai comme puits verticaux absorbant encore des ruisseaux : l'embut de Saint-Lambert (plateau de Caussols, Alpes-Maritimes), le Trou-du-Toro (Maladetta, Pyrénées), la perte de la Ljuta (près Raguse, Dalmatie), certains katavothres de la plaine de Tripolis (Péloponèse), etc., etc.

sont rayés d'une spirale ou hélice que l'eau seule a pu produire (V. Les Abîmes, p. 48, 110, 208, 225, 317, 336, etc.).

Orgues géologiques. — Reproduisant pour les puits naturels la controverse soulevée pour les cavernes au sujet de la prépondérance de la corrosion sur l'érosion, beaucoup d'éminents géologues n'ont voulu voir dans ces tuyaux que des *orgues géologiques*, comme celles de la montagne crétacée de Saint-Pierre, à Maëstricht (Hollande), rendues classiques par Faujas de Saint-Fond et Bory de Saint-Vincent; ils en ont fait avant tout des entonnoirs de décalcification (Les Abîmes, p. 518); cette exclusion de la force érosive peut être exacte par exemple dans les falaises crétacées du pays de Caux (Étretat, Fécamp), etc., des berges du Clain, près Poitiers (V. Daubrée, Eaux souterraines, I, p. 294), qui nous montrent des sections de poches hautes de plusieurs mètres et même de plusieurs décamètres, remplies d'argile rouge. Que l'action chimique seule d'eaux doucement infiltrées ait produit là une totale et lente décomposition, sans le concours d'aucun effet mécanique, cela est tout à fait vraisemblable; mais le phénomène est particulier, comme celui du creusement de cavernes par la dissolution du gypse ou du sel; il convient de ne pas le généraliser et de le considérer plutôt comme une exception, due à la nature de la roche crayeuse et confirmant la règle que j'ai énoncée plus haut; car ces poches justement n'aboutissent pas, comme les abîmes, à des cavernes, parce que les mouvements érosifs n'ont pas contribué à prolonger leur creusement.

Effondrements. — Une autre forme d'abîmes que l'on a souvent considérée comme la règle, et où je persiste à ne voir que des exceptions, est celle des effondrements au-dessus du cours de rivières souterraines: l'abbé Paramelle, Fournet, en France, Tietze, Schmidl, Lorenz,

Urbas, Fruwirth et M. Kraus (*), en Autriche, sont les principaux défenseurs de cette autre théorie, qui construit les abîmes de bas en haut, par affaissement de voûtes dont les eaux intérieures ont ruiné les pieds-droits.

L'ouverture subite, à diverses reprises constatée, de trous au fond desquels on voyait couler l'eau, — les fameux cénotés du Yucatan, la source de Brissac (Les Abîmes, p. 147) et les *light-holes* de la Jamaïque, — les dépressions de la surface du sol dans des régions où l'existence des rivières souterraines est certaine, — les éboulements partiels de voûtes ou parois des cavernes, — la dégradation continue ou inachevée des parois stratifiées d'abîmes, comme le Tindoul (Les Abîmes, p. 246) et la Magdalena-Schacht d'Adelsberg (*ibid.*, p. 445), rendaient jusqu'à un certain point plausible une semblable hypothèse.

C'est par empirisme que mes nombreuses descentes de gouffres en ont prouvé, sinon la fausseté, du moins la non-généralité : un dixième à peine des abîmes explorés s'est montré à nous comme résultant indubitablement de la rupture caractérisée d'une voûte de caverne. Tous les autres sont, comme les grandes *cheminées*, citées plus haut (p. 21), tellement étroits par rapport à leur profondeur, ou tellement coudés et irréguliers, qu'il est matériellement impossible d'y voir des abîmes d'effondrements.

Aussi, tout en tenant pour tels au premier chef les beaux gouffres du Tindoul, de Padirac, de la grotte Peureux (Lot) (Les Abîmes, p. 310), de Marble-Arch (Irlande), de Saint-Canzian (Autriche), etc., m'abstiendrai-je de reproduire ici toutes les raisons qui me les font considérer comme de simples accidents. Ces accidents sont subordonnés au degré de puissance de la rivière souterraine, et d'épaisseur du terrain qui la surmonte (**). Et je m'étonne

---

* M. Kraus a cependant fini par reconnaître qu'il ne faut pas la « généraliser » (Hohlenkunde, p. 63 et 111, etc., etc.).

(**) Les Abîmes, p. 448, 515.

bien que M. de Lapparent, après avoir reconnu, à la suite de mes recherches, que les avens « sont des puits irréguliers, que les eaux sauvages ont creusés en profitant des fissures naturelles du terrain... et qui ne jalonnent pas nécessairement le cours des rivières souterraines » (*), ait semblé revenir en arrière en disant « que la plupart des dépressions de la surface résultent de l'*effondrement* des cavités sous-jacentes (**) ».

La généralisation de la théorie des effondrements a conduit à deux autres hypothèses contre lesquelles je maintiens de plus en plus toutes mes réserves.

Théorie du jalonnement. — La première est celle du *jalonnement*, prétendant que, « sous chaque rangée de bétoires (ou gouffres), il existe un cours d'eau permanent ou temporaire, qui les a nécessairement produites » (abbé Paramelle). Ceci a été absolument réfuté par nos descentes : non seulement, comme je viens de le dire, la plupart des abîmes visités sont l'œuvre des eaux extérieures, et non des intérieures, mais encore près des trois quarts n'ont conduit à aucune rivière. Et la majorité de ceux qui nous ont menés à des courants souterrains étaient creusés dans des diaclases greffées sur des galeries profondes, à angle plus ou moins aigu (Rabanel, Mas-Raynal, les Combettes, etc.). Peut-être le défaut de communication *actuelle* provient-il, comme en beaucoup d'endroits du Karst, de ce qu'il y a eu obstruction par les pierres et débris tombés de la surface ; peut-être que les déblaiements auxquels on se livrera un jour ou l'autre, espérons-le, révéleront quantité d'autres cours d'eau mystérieux ; il n'en est pas moins vrai que beaucoup d'abîmes (sur le Causse Noir, par exemple, dans l'Aveyron) se terminent (on l'a vu plus haut) par de vraies fissures capillaires,

---

(*) Traité de Géologie. 3e édit., p. 204, 1893.
(**) Leçons de géographie physique, p. 230, 1896.

absorbant les eaux infiniment divisées, et sans les transformer en réels ruisseaux ; — qu'ils peuvent être, à raison de leur origine extérieure, indépendants des rivières souterraines : — et que le principe posé par l'abbé Paramelle exposerait, au point de vue de la recherche de ces rivières, à de singuliers mécomptes.

Cloups et dolines. — Une seconde hypothèse me semble non moins hasardée : c'est celle qui trouve des indications d'effondrements souterrains dans une sorte particulière d'excavations dont je n'ai pas encore parlé. Il s'agit des fameuses *dolines* du Karst, autre objet d'interminables controverses ; faute de définition précise, on n'a jamais pu s'entendre sur la valeur précise de ce terme, et on l'a appliqué même aux vrais abîmes. Pour moi, les réelles *dolines* d'Istrie et de Carniole, du moins ce qu'on m'a le plus souvent désigné sous ce nom dans mon exploration du Karst, en 1893, rappellent les *cloups* du Quercy ; les paysans du Lot ont su mieux que personne distinguer des abîmes, qu'ils nomment *igues*, les dépressions rondes ou ovales, dont le vrai caractère est d'être *plus larges que profondes*. C'est à de telles concavités de la surface, larges souvent de plusieurs centaines de mètres (Cloup de Bèdes, dans le Lot, 850 mètres de tour, 250 à 300 de diamètre, 75 de profondeur ; Grande-Fosse et Fosse-Limousine de la Braconne, en Charente ; Risnik-Doline, près Trieste, 260 et 205 mètres de diamètre, 95 de profondeur, etc. ; V. Les Abîmes, p. 306, 381, 471), que je voudrais voir limiter l'obscur terme de *dolines ;* ceci posé, voyons ce qu'on a voulu faire des *dolines*.

M. Kraus, avec plusieurs géologues autrichiens (Tietze, Schmidl, Lorenz, Stache, Pilar, etc.), y voit des effondrements de voûtes de cavernes, dont les débris ont obstrué l'intérieur et interdit l'accès ; bien plus, il admet, avec M. Urbas, que les séries de dolines ou de dépressions alignées à la surface du sol permettent de tracer au dehors

le cours des ruisseaux souterrains (*), et il supposequ'en
en déblayant le fond on arriverait à ces courants. C'est
la théorie du jalonnement poussée à l'excès.

Car rien n'a établi que les *dolines*, telles du moins que
les restreint la définition ci-dessus, soient des effondrements ; les raisons suivantes prouvent même le contraire.

Les gouffres d'effondrements de Padirac, du Tindoul,
de la grotte Peureuse (Lot), de Marble-Arch, etc., loin
d'être au fond de dépressions de terrain, s'ouvrent sur des
saillies ou des pentes déclives ; — plusieurs *cloups* du
Lot se terminent par des *igues* de *creusement superficiel*
qui ne présentent aucun caractère d'effondrement (Biau
ou Baou, Planagrèze, les Brasconies, etc.), quoique profonds de plus de 50 mètres ; il en est de même de la
Kačna-Jama et de plusieurs autres abimes en Istrie ; —
aux environs d'Adelsberg, il y a certainement plusieurs
dolines (Stara-Apnenča, Koselivka, Cerna-Jama, etc.) qui
correspondent à des effondrements de la grande caverne(**),
mais celles-là ont un fond beaucoup plus bouleversé que
les autres ; — la plupart, au contraire, possèdent un sol
si uni qu'on peut (comme dans les *cloups*) y cultiver des
champs nommés *Ogradas* ; il me paraîtrait difficile d'expliquer par une érosion ultérieure, comme a voulu le faire
M. Kraus, leur nivellement sur une surface qui atteint
parfois plusieurs hectares, si leur origine devait être
recherchée dans le cataclysme d'un aussi vaste affaissement ; — les dolines du Karst sont tellement rapprochées
les unes des autres entre Adelsberg et Planina, juste
au-dessus du cours de la Piuka souterraine, qu'on ne peut

(*) V. pour la bibliographie et la discussion relative aux dolines. les
pages 433 et 516 des Abimes. — Conformément à mes idées, M. de
Lapparent a récemment distingué les *larges* dolines ou cloups des étroits
et profonds *gouffres* ou *abimes* (Leçons de géographie physique.
p. 230).

(**) Höhlenkunde, p. 62: — Les Abimes. p. 442. 448, 449.

guère faire plus de 1 kilomètre en tous sens sans en trouver une ; or, Schmidl et M. Putick ont remonté le bras de Zirknitz de la grotte de Planina pendant 5 kilomètres, sans rencontrer d'effondrements ; il faut donc supposer que la rivière souterraine circule dans l'intervalle des affaissements imaginés, en les évitant soigneusement ; c'est précisément le contraire de ce qu'on prétend ; — la désobstruction d'une doline (Zvratek) de Moravie, effectuée par M. le professeur Trampler, l'a conduit non pas à une galerie, ni à une caverne éboulée, mais à une étroite fissure verticale, sans trace d'effondrement, et aboutissant à un bassin d'eau de niveau variable (Eröffnung zweier Dolinen ; *Mittheil. geogr. Gesellsch.* de Vienne, n° 5 de 1893) ; — enfin, décisif argument, tout nouveau : il résulte du plan que je viens de refaire à Padirac (28 mars au 1er avril 1896) que le grand dôme de 90 mètres d'élévation est précisément sous un cloup, — que la voûte n'a que 10 à 20 mètres d'épaisseur, — et que le cloup *préexiste à un effondrement qui ne s'est pas encore produit ;* s'il survient jamais, ce qui n'est pas probable (*), le cloup (la doline) disparaîtra, au contraire, pour faire place à un vrai gouffre d'effondrement, certainement plus profond (au moins 100 mètres) que large, comme celui qui existe déjà plus au sud et qui sert d'entrée.

Donc la vérité sur les *dolines* ou *cloups* doit être ceci :

1° La distinction n'est pas suffisamment faite, en Autriche, entre les dépressions du sol qui dénoncent un véritable bouleversement de la croûte terrestre et celles qui n'en présentent pas de traces extérieures ;

2° La classification basée sur le diamètre, telle que l'a tentée Cvijić (*Schüssel* ou écuelles, dix fois plus larges que profondes ; *Trichter*, ou entonnoirs, deux ou trois fois plus larges que profonds ; *Brünnen*, ou puits, plus profonds

---

que larges) est trop arbitraire quant aux noms et aux chiffres ; mais le principe en est fort satisfaisant et rationnel ;

3° Les dépressions de taille moyenne à fond chaotique doivent être, au moins dans la région d'Adelsberg, non pas des ruptures absolument verticales de plafonds, mais, à cause de l'inclinaison des strates jusqu'à 45°, des phénomènes de *décollements* (*) tant souterrains que d'infiltration ; le drainage a dû souvent en faire des affluents des rivières souterraines voisines et provoquer leur communication avec elles. — Les autres, aux pentes et au sol moins bouleversés, ont pu être des lacs ou étangs, que des fissures aujourd'hui bouchées ont sans doute drainées aussi vers les courants souterrains avoisinants, mais *pas forcément sous-jacents*. « Par le fait de ces engouffrements, dit très justement M. de Lapparent, le travail extérieur des eaux courantes est presque partout entravé, de sorte qu'on peut dire que la caractéristique d'un tel pays est que le modèle en est inachevé, la plupart des vallées secondaires n'étant qu'ébauchées » (Géographie physique, p. 87). Quant à l'origine première de telles dépressions, il faut la dire jusqu'à présent inexpliquée, et la rechercher probablement moins dans des phénomènes de dénudation superficielle, que dans des faits d'ordre tectonique se rattachant aux plissements de l'écorce terrestre, à la genèse des lacs eux-mêmes, des bassins fermés ou vallées-chaudrons (*Kessel-Thäler*) (**) du Karst, d'Irlande,

---

(*) V. Les Abîmes, p. 445, 449, 521.

(**) V. Parandier, *Bulletin de la Société géologique*, 3° série, t. XI, p. 441, 7 mai 1883 ; — Martel, Les Abîmes. p. 541-42 ; bibliographie ; — V. De la Noe et de Margerie. Les Formes du terrain, p. 157. «Un synclinal n'est pas nécessairement continu dans son allure... Son axe peut offrir des bombements qui le diviseront en un chapelet de bassins indépendants. Alors il s'y établit des *lacs tectoniques*. déterminés par une dépression préexistante » (lacs du canal Calédonien, en Ecosse) (De Lapparent, Géographie physique, p. 120).

du Jura, des Causses, des fjords de Norvège, etc. C'est un difficile problème que je n'ai pas abordé.

Dans sa Höhlenkunde (p. 114), M. Kraus semble avoir voulu amender sa théorie des effondrements : il explique comment la rupture de voûte de la toute petite grotte de Lantscharieuz est due à la dénudation superficielle, ainsi que diverses autres du même genre (dans le massif du Dachstein), et il ajoute que « les phénomènes du Karst ne peuvent s'expliquer que par les effets combinés de l'érosion superficielle et de l'érosion souterraine ». Voilà qui m'eût mis d'accord avec lui, si, dans une note toute récente (*) sur le même sujet, il ne disait: « La limite où cesse la grotte et où commence la doline est particulièrement difficile à tracer: car des effondrements de grottes résulte cette sorte de dépressions que l'on désigne comme vraies dolines (**), à la différence des *entonnoirs du Karst* (Karst-Trichter), qui se forment en si grand nombre dans le Karst aux orifices de cavernes conduisant dans les profondeurs. » Quand nous aurons ajouté que ces cavernes profondes (Les Abimes français) portent encore une troisième désignation : *jamas*, en slovène, et *Schacht* (*Schächte*, puits de mine), en allemand, on avouera que toutes ces nomenclatures et distinctions sont véritablement bien subtiles et obscures.

M. Kraus propose, d'ailleurs, un assez bon moyen de reconnaitre les dépressions qui peuvent être formées par des affaissements de cavernes : c'est de rechercher si leurs parois présentent des traces de revêtements stalagmitiques, qui se dégradent moins vite à l'air que la roche calcaire ordinaire. Au pont d'Arc et le long du cañon de l'Ardèche, j'ai observé ainsi des restes de stalactites, et j'en ai conclu

---

(*) Zerstörte Höhlen (grottes détruites). (*Œsterreichische Touristen Zeitung*. de Vienne, 15 avril 1896.

(**) V. aussi Höhlenkunde, p. 119.

(Les Abimes, p. 104) que certaines parties de cette vallée ont pu être jadis des cavernes ; le critérium me parait assez positif.

La question des *vallées inachevées* pourrait être très fructueusement étudiée dans l'Irlande occidentale.

En juillet 1895, j'ai soigneusement examiné à ce point de vue le cours de la curieuse rivière de Gort (comté de Galway), citée par MM. Daubrée (Eaux souterraines, p. 353) et Kinahan (Valleys, p. 148), et figuré les détails de ces accidents (Voir *fig.* 1, Pl. II).

Le Lough (lac) Cooter est à l'altitude de 35 mètres. La première perte de la rivière *Beagh*, qui en sort, s'effectue à 30 mètres (*), parmi des crevasses impénétrables, encombrées de terre, de pierres et de branchages, au pied d'un petit cirque profond de 17 mètres, dont les pentes ébouleuses ne sont retenues que par une très vive végétation ; c'est, en beaucoup plus pittoresque et avec un bien plus gros volume d'eau, la répétition de la Perte de l'Hôpital d'Issendolus (Lot) (V. Les Abimes, p. 294) ; sur une ligne de 1.350 mètres, sinueusement développée à la surface du sol, il y a cinq effondrements, qui sont bien des regards ouverts sur et par le courant souterrain et que l'on nomme en Irlande des *sluggas* ; le premier n'a qu'une dizaine de mètres de profondeur sur une quarantaine de diamètre et n'arrive pas jusqu'à la surface de l'eau ; tous les autres laissent voir un instant dans leur fond le courant sombre ; le deuxième, nommé le *Devil's-Punch-Bowl* (Bol à Punch du Diable), est le plus régulier et profond de 15 mètres ; — le troisième, *Black-Water* (Eau Noire), le plus allongé, constitue un grand fossé, courbé du Sud au Nord-Ouest, long de près de 200 mètres, profond de 15 à 20 et large de 20 à 40 ; il est rempli

---

(*) Ces altitudes, exactes, sont déduites tant de la carte au 10.560ᵉ que de mes observations barométriques repérées d'après cette carte.

d'arbres et entouré d'un mur pour empêcher les accidents ; on y peut descendre jusqu'au bord de la rivière, qui y coule à l'air libre, réapparue, puis réengloutie aux deux extrémités opposées sous des strates rocheuses siphonnantes ; impossible de la suivre sous la terre ; — les deux derniers trous, nommés *Ladle* (la Cuiller) et *Churn* (la Baratte), sont moins importants. — Tous ont, en résumé, la plus parfaite analogie avec les Cénotés du Yucatan, ouverts par affaissement de voûtes au-dessus des eaux souterraines (V. Les Abîmes, p. 147 ; Reclus, XVII, p. 242).

La caverne de *Pollduagh*, où renait, pour couler serpentiforme et à l'air libre pendant 6 kilomètres, la rivière de Gort, ou rivière *Cannahowna*, n'est pénétrable que sur une dizaine de mètres ; le courant s'en échappe également par un siphon, à 26 mètres d'altitude, sous un auvent de roche haut de 6 mètres (V. la coupe *fig.* 1, Pl. II). Elle s'est donc abaissée de 4 mètres sur un parcours caché de 1.350 mètres, soit 3 pour 1.000, ce qui est fort peu, car les pentes des rivières souterraines que j'ai étudiées ailleurs varient de 6 à 150 pour 1.000 (V. Les Abîmes, p. 70).

C'est dans plusieurs *Sauglöcher* (suçoirs) ou *bétoires*, au milieu de prairies, que s'opère presque insensiblement la nouvelle disparition de la rivière, au pied de la jolie ruine du château de Castletown et du talus du chemin de fer, entre les stations de Gort et d'Ardrahan, à 12 mètres d'altitude. A 1.100 mètres au Nord-Ouest, dans le beau parc privé de Coole, derrière le village de Kiltartan, une source de fond, *Polldeelin*, analogue au Loiret, ramène une fois de plus le courant au jour, à 10 mètres d'altitude. A moins de 500 mètres plus loin, elle disparait, pas pour longtemps, et seulement sous une assise de strates calcaires fissurées, affaissées, mais pas encore emportées par le courant ; superficiellement, ce « pont naturel », ainsi qu'on le nomme trop pompeusement, est un irrégulier dallage carré de 10 mètres environ de côté : il est si bien immergé dans l'eau qu'il ne forme nullement une voûte ; c'est plutôt un barrage qu'un pont, mais un barrage tellement disloqué que la rivière passe à travers et non par dessus, en attendant qu'elle l'ait complètement ruiné et emporté. On retrouve le même phénomène dans le Yorkshire, à God's-Bridge (près Ingleton) au pied occidental d'Ingleborough Hill.

A moins de 200 mètres plus loin, se trouve une cinquième perte (*), pareille à la première de toutes ; l'altitude n'est plus que de 9 mètres, et le courant se précipite violemment dans un trou terreux, comme la perte du Bandiat *chez-Roby* (Charente). Des bois flottés et des flocons d'écume tournoient lentement et sans arrêt dans un large bassin naturel qui précède l'entonnoir.

La dernière réapparition se fait voir à 350 mètres de là, toujours dans le parc de Coole.

Enfin, la rivière court libre, mais pour 2 kilomètres seulement, car le lac *Coole* (Coole-Lough ; altitude, 8 mètres) l'arrête au passage et, comme il n'a point d'émissaire aérien, elle est contrainte encore « de chercher sa route par les passages souterrains du lac Caherglassaun (**) vers la mer à Kinvarra, où une partie tout au moins de ses eaux trouve une issue par les joints des rochers dans le voisinage de Dungory-Castle » (Kinahan, *op. cit.*, p. 149).

Dungory-Castle est à 8 kilomètres au nord-ouest de Coole-Lough, ce qui ne donne plus que 1 pour 1.000 de

---

(*) Sans considérer comme tels les *regards* de Punch-Bowl. Ladle et Churn.

(**) D'après le County Map au 10.560ᵉ le niveau de Coole-Lough a été de 29 pieds en janvier 1838 et de 16 pieds en mai 1838. celui de Caherglassaun-Lough, de 13 pieds en juin 1838 et de 26 pieds en février 1839 (le pied est de 0ᵐ.30479).

pente à l'écoulement souterrain entre ces deux points.

La pente et l'altitude de la rivière de Gort, et, par conséquent, la force de son courant sont tellement faibles qu'elle n'a pas eu l'énergie mécanique nécessaire pour détruire complètement les digues successives (qu'elle a simplement percées) ni pour transformer en vallée parfaite les portions souterraines de son cours. Il n'est donc pas probable qu'elle ait pu déblayer en très large vallon, sur 6 kilomètres d'étendue, une ancienne caverne, pour en faire le *Kesselthal* de Gort : et tout indique que cette vallée fermée est bien réellement une vallée inachevée, de même que le bassin clos et presque circulaire du parc de Kiltartan.

Ainsi la rivière de Gort montre donc juxtaposés les deux phénomènes : 1° d'effondrements de cavernes tendant au creusement d'un thalweg ; 2° de vallée fermée d'origine tectonique que le ruissellement et l'érosion superficiels n'ont pas pu achever, à cause de la fissuration des formations environnantes.

Toute cette portion de l'Irlande (les *Burrens*) présente plusieurs dispositions analogues entre Galway et l'estuaire du Shannon.

Vallées formées par des effondrements de cavernes. — Quelque restriction qu'il faille donc apporter à la généralisation à outrance de la théorie des effondrements intérieurs, il faut cependant encore reconnaître que diverses localités montrent l'énorme influence qu'ils ont exercée parfois sur la surface du sol : ainsi que je l'ai admis moi-même, à la suite de ma première exploration souterraine, celle de Bramabiau, en 1888, il y a des cas où la propagation des effondrements successifs au-dessus du cours d'une rivière souterraine a pu arriver jusqu'au creusement d'une véritable vallée ; et je persiste à penser que, pour les étroits cañons sinueusement creusés dans la masse des régions calcaires, « la première phase de la formation n'a pas consisté dans le simple sciage vertical par des rivières creusant leur lit de plus en plus, mais bien dans le développement, puis l'écroulement des cavernes (*)..., écroulements qui ont tracé le sillon originaire, l'amorce des cañons actuels ».

Il n'y a pas contradiction entre cette doctrine, qu'il ne faut pas d'ailleurs développer non plus avec exagération, et l'opposition que je viens de faire à la théorie de M. Kraus sur les dolines : j'ai admis, en effet, que beaucoup de ces dernières sont dues à des affaissements de plafonds caverneux ; je demande seulement que l'on ne regarde pas chaque cloup ou doline comme marquant infailliblement la place d'un tel affaissement ; je demande surtout que les *bassins fermés* (du Jura), les *Kessel-Thäler* (d'Autriche), les *Polje* (de Dalmatie, Bosnie, etc.), ne soient pas considérés aussi comme de purs et simples effondrements (**) : leur largeur, atteignant souvent plusieurs kilomètres, rend une telle origine invraisemblable (***). Les amples dépressions du lac de Zirknitz, d'Adelsberg, de Planina, de la Foiba de Pisino, sont bien des vallées inachevées, et non d'anciennes cavernes affaissées ; le développement du *thalweg* s'y est arrêté au point où la fissuration du sol assurait un écoulement souterrain suffisant.

Bien plus étroits et plus allongés sont les vallons et ravines réellement dus à des ruptures de voûtes ; les suivants, dont la transformation de rivières souterraines en thalwegs ouverts n'est pas encore complète, ont indéniablement ce caractère :

(*) *Comptes rendus de l'Académie des Sciences*, 3 décembre 1888.

(**) « Les Kesselthäler peuvent être aussi comptés parmi les dolines. La différence consiste simplement en ce que les dolines sont formées par effondrement d'un seul coup, tandis que les Kesselthäler résultent d'effondrements successifs et d'agrandissements superficiels ultérieurs » (KRAUS, Hohlenkunde, p. 119, 140 et suiv.).

(***) V. Les Abîmes, p. 541.

Bramabiau, dans le Gard, avec son tunnel d'entrée, son aven d'effondrement, ses éboulis intérieurs, ses 6.300 mètres de galeries obscures et sa profonde alcôve de sortie, le tout sous une bande de terrain large de 500 mètres et et avec une dénivellation de 90 mètres (*).

Saint-Canzian im Wald et *Saint-Canzian am Karst*, tous deux près d'Adelsberg : le premier avec cinq ou six vraies dolines d'effondrement, profondes de 60 mètres et larges seulement de 5 à 50 mètres ; — le second, avec deux des plus grandes dolines connues, larges de 400 mètres, profondes de 140 à 160 (les fragiles ponts naturels restés en place dans ces extraordinaires localités (**) sont les *témoins des anciennes* voûtes en grande partie écroulées) : — le *Rummel*, à Constantine, avec ses quatre arcades restées debout sur 300 mètres de parcours seulement (Reclus, Géographie, t. XI, p. 417) ; — les *Sluggas de Gort*, dont je viens de parler.

Les *Tomeens*, sur la rivière Ardsollus, près Tulla, en Irlande, succession de petits tunnels séparés par des tranchées naturelles sur 5 ou 600 mètres de longueur, ne sont absolument qu'une caverne en démolition ; je me suis rendu compte, en juillet 1895, que les tunnels représentent les restes des voûtes du conduit souterrain primitif (***) ; les strates, tombées de leurs ouvertures au fond des tranchées, dans le lit même de la rivière, laissent surprendre sur le fait le mode d'affouillement des calcaires par les eaux.

Enfin, à *Marble-Arch* (Irlande), les quatre effondrements pratiqués à la sortie même de la source montrent que le vallon de la Cladagh s'agrandit ici d'aval en amont : nulle part l'œuvre de sape d'une rivière souterraine

---

(*) *Bulletin de la Société de géographie de Paris*, 1er trimestre 1893 ; et Les Abimes, chap. IX.

(**) Les Abimes, p. 459 et 465 ; — *Le Monde moderne* (Revue Quantin), octobre 1895.

(***) V. *la Nature*, n° 1187, 29 février 1896.

n'est plus certaine et plus parlante que là ; et les partisans
de la théorie qui attribue l'origine des puits naturels
principalement à cette cause trouveront à Marble-Arch un
des meilleurs arguments à l'appui de leur thèse. Ils devront
remarquer, toutefois, que le peu d'épaisseur du terrain
superposé à la caverne (15 à 40 mètres au plus) est une
circonstance particulièrement favorable à la production des
affaissements, et que, conformément à la distinction que
j'ai établie dès 1889 (*) et qui se trouve ici confirmée, les
conditions ne sont plus du tout les mêmes, quand cette
épaisseur dépasse 100 mètres : en ce cas, les abîmes
étroits, verticaux et profonds de 100 à 300 mètres, dus
surtout à l'action extérieure des ruisseaux qui s'y engouf-
fraient (Karst, Causses, Vaucluse, etc.), se montrent bien
plus fréquents que les vrais gouffres d'effondrements ;
ceux-ci ne sont alors que des exceptions dont les dolines
de la Recca à Saint-Canzian am Karst (Istrie), Padirac
(Lot), et peut-être la Mazocha (Moravie), sont les types
extrêmes (profonds de plus de 100 mètres).

Les sept exemples que je viens de citer mettent hors
de doute que la démolition des cavernes et l'effondrement
de leurs voûtes ont pu efficacement concourir à la formation
des vallées.

Et ce qui concerne la manifestation de ces affaissements
à la surface du sol doit, selon moi, se résumer ainsi : il y a
des abîmes, des dolines et des vallées d'effondrements,
mais ni les larges et peu profondes dolines ou vallées, ni
les étroits et très profonds gouffres, ne sont, en général,
dus à des affaissements de voûtes de cavernes.

Et, par-dessus tout, *aucune théorie n'est universelle en
ce qui concerne l'origine des cavernes :* chacune de celles
qu'on a proposées a été, en général, trop exclusive ;
presque toutes sont partiellement justes ; l'absolue vérité

(*) *Comptes rendus de l'Académie des Sciences*, 14 octobre 1889.

réside tantôt dans leur combinaison, tantôt dans l'application de l'une ou de l'autre suivant les cas particuliers. Mais revenons à la circulation de l'eau souterraine, dont nous ont écartés les abîmes et les dolines.

Écoulement de l'eau à l'intérieur des terrains fissurés. — Nous avons à considérer en second lieu :

2° Le mode d'écoulement et de propagation de l'eau à l'intérieur des terrains fissurés.

On sait quelle distinction a été établie par MM. Delesse, Daubrée, Ed. Dupont (*), de Lapparent et par moi-même (Les Abîmes, p. 537 et 554), entre les terrains meubles, fragmentaires, ou incohérents, et les terrains fissurés : dans les premiers, l'*imbibition* de toute la masse donne naissance à de vraies nappes d'eau ; dans les seconds, le *suintement* ne pouvant se produire que par les fentes naturelles, et l'eau ne pénétrant pas les blocs compacts délimités par ces fentes (si ce n'est dans la très petite proportion de l'*eau de carrière* introduite par la capillarité), il y a un réseau de canaux confluant des plus petits aux plus grands : j'ai tellement détaillé, dans mes précédentes publications tous ces modes de circulation des eaux souterraines des terrains fissurés, en tout comparables à ceux des ruisseaux et rivières de la surface, ou au système d'égouts (gouttières et collecteurs) d'une grande ville, que j'abuserais vraiment en les décrivant une fois de plus.

Absence des nappes d'eau. — J'insisterai seulement de nouveau, avec M. Daubrée (Eaux souterraines, t. I, p. 18) pour demander la proscription, en de pareils terrains, du terme de *nappe d'eau :* il n'y a pas, dans les terrains fissurés, de *nappe* continue ; la légende de la feuille Forcalquier de la carte géologique au 80.000° est fautive

---

(*) Delesse, Recherches sur l'eau dans l'intérieur de la terre ; *Bulletin de la Société géologique*, 4 novembre 1861, 2° série, t. XIX, p. 64 : — Dupont, Phénomènes des cavernes, p. 13.

quand elle dit que la fontaine de Vaucluse est alimentée par une *nappe* souterraine : *cela est inexact.* Vaucluse est le débouché d'un *fleuve* formé sous la terre par la convergence d'innombrables ruisseaux intérieurs drainant, par les avens et fissures du sol, toutes les eaux des plateaux de Saint-Christol, Banon, Sault, etc. Il ne faut plus qu'on parle du *grand lac souterrain* alimentant les sources du cañon de l'Ardèche ou de la Touvre (Les Abîmes, p. 118, 172, 526, 529, 533). Je ne cesserai pas de combattre cette malencontreuse expression, qui fausse absolument les idées et les recherches. D'après M. Kraus, (Höhlenkunde, p. 137), la Compagnie du chemin de fer de Karlstadt à Fiume, en Croatie, aurait dépensé 30.000 florins à forer des puits pour trouver de l'eau, qui ne s'est pas rencontrée — Aux environs de Châlons-sur-Marne, le niveau de l'eau varie considérablement entre des puits très rapprochés (Daubrée, Eaux souterraines, t. I, p. 198). — « Si une mauvaise chance vous fait tomber sur une portion de la roche calcaire bien compacte, vous avez exécuté un travail inutile » (Arago, Notice sur les puits artésiens, 1835). Dans un récent et important mémoire sur la nitrification et la pureté des eaux de sources (*), M. Th. Schlœsing a dit que, pour les terrains fissurés « la nappe souterraine est discontinue, au lieu d'être continue ». Ce correctif n'est pas suffisant encore : il faut dire que, dans ces terrains, les *courants* et les *poches* remplacent les nappes. Mais je ne veux pas me laisser de nouveau entraîner à une démonstration que je considère comme irréfutable, après tout ce que j'ai vu et décrit sous terre (galeries de Padirac, de la Baume de Sauvas, de la Recca, etc). Les plus grands *lacs* ou nappes d'eau des cavernes n'atteignent pas 100 mètres de *largeur* ; la longueur, la hauteur et l'étroitesse l'emportent toujours

---

(*) *Comptes rendus de l'Académie des Sciences,* 13 avril 1896.

de beaucoup. Comment expliquer sans cela les énormes dénivellations, les considérables ascensions d'eau que l'on a observées dans des puits tantôt absorbants, tantôt jaillissants, comme les Sauglöcher de Zirknitz et le puits de la Brème (Jura), — à Trebić (Istrie ; profondeur, 322 mètres), où l'on a vu la rivière souterraine s'élever de 119 mètres en octobre 1870 et de 96 mètres le 30 octobre 1895 — aux Vitarelles (Lot ; profondeur, 85 mètres), quelquefois à moitié pleines d'eau ; — à la Mazocha (Moravie ; profondeur, 136 mètres) où l'eau monte de 30 à 35 mètres, etc. ; — aux *turloughs* d'Irlande ; — à la Kaëna Jama (Istrie).

Issues des eaux. Sources. — 3° Le mode de sortie des eaux souterraines sous forme de sources ne nous arrêtera pas non plus bien longtemps. Il est établi maintenant que, presque partout, le parcours des rivières souterraines des terrains fissurés est entravé par des siphons naturels ; ils se manifestent sous la forme de voûtes *mouillantes*, c'est-à-dire de murailles rocheuses immergées dans l'eau sur une profondeur et une épaisseur variables, généralement impossibles à déterminer.

Ces siphons, véritables vannes fixes, de section restreinte, régularisent dans une certaine mesure le débit des eaux souterraines, qu'ils retiennent pour partie dans les réservoirs ou espaces libres situés en amont.

Sources vauclusiennes. — On a donné le nom de sources *vauclusiennes* aux fontaines des terrains fissurés qui, comme Vaucluse, jaillissent directement d'un tel siphon.

J'ai expliqué déjà (*) comment l'emploi de ce terme, à titre générique, n'est pas justifié, et j'ai donné les plans et coupes d'un certain nombre de siphons que j'ai trouvés désamorcés. J'ai signalé aussi divers siphons dont la dispo-

---

(*) Les Abîmes, p. 333.

sition permet d'espérer que, dans beaucoup de cas, il suffirait sans doute, pour dépasser l'obstacle d'un siphon et
retrouver l'espace libre au delà, de percer quelques mètres
de roche normalement aux plans des diaclases ou fissures
utilisées par l'eau (*). Cela permettrait même peut-être de
rendre plus efficace le rôle de régulateurs dévolu à ces
rétrécissements sous-aqueux, si, connaissant leurs figure
et dimensions exactes, on pouvait, par quelques travaux
artificiels, les transformer en vannes mobiles et les asser-
vir ainsi complètement à divers besoins économiques.

Le plus curieux siphon, à ce point de vue, est celui
que j'ai découvert à la source de Marble-Arch, le
16 juillet 1895 (**) ; la source aérienne de la Cladagh.
l'orifice ou tête d'aval du siphon se trouve à moins de
5 mètres de distance du dernier bassin souterrain, ou
tête d'amont ; la roche compacte, sous laquelle l'eau filtre,
n'a pas 5 mètres d'épaisseur ; l'eau passe par quelque
foint entre deux strates qui n'ont pas encore été emportées
par le courant ; nulle part je n'ai constaté, jusqu'à
présent, une aussi faible solution de continuité dans le fil
souterrain de l'eau, une aussi petite distance entre les
deux surfaces libres du vase communiquant. Cela prouve
péremptoirement que le bloc de rocher ainsi laissé en
place entre deux diaclases, et immergé dans l'eau, où il
s'enfonce comme un tenon dans une mortaise, peut très
bien faire siphon avec une fort médiocre épaisseur. Il est
vrai que les bassins formés de part et d'autre de ces
siphons peuvent atteindre une respectable profondeur. J'ai
trouvé 9^m,50 à la source Saint-Georges, près Meyraguet
(Lot); 6 mètres au fond de Padirac ; 6 mètres à l'Écluse
(Ardèche); 13^m,50 à la Foiba-di-Pisino (Istrie); etc.
M. Marinitsch a mesuré 13 mètres au lac de la Mort,

(*) *Comptes rendus de l'Académie des Scie=ces.* 18 mai 1896.
(**) V. *Annuaire du Club alpin français* pour 1895.

fin de la Recca de Saint-Canzian ; Schmidl, 13^m,60 au lac des Protées de Planina, et M. Putick, 15 mètres au même endroit. En 1878, l'expérience du plongeur Ottonelli, dirigée par M. Bouvier, a prouvé que le siphon de la source de Vaucluse a au moins 30 mètres de profondeur. Celui de Trébic, à l'étiage, arrive à 21 mètres de profondeur, soit à 2 mètres au-dessous du niveau de la mer (*).

Et remarquons que, derrière le siphon de Marble-Arch, dont de bienheureux effondrements m'ont permis d'examiner le réservoir d'amont, ce n'est pas une *nappe d'eau* que j'ai trouvée, mais bel et bien une rivière courante, où mon bateau a pu flotter pendant plus de 500 mètres.

Je reviendrai dans ma seconde partie sur le fonctionnement des siphons souterrains, et je n'ai plus que deux ou trois remarques à faire sur les sources des terrains calcaires.

Fausses sources. — J'ai indiqué, avec M. Édouard Dupont (**), qu'il ne fallait pas considérer comme des sources proprement dites les rivières qui, formées à l'air libre et perdues dans des *goules*, reparaissent après un plus ou moins long parcours souterrain, comme la Lesse à Han, la Piuka à Planina, la Punkwa en Moravie, la Buna à Blagaj (Herzégovine), l'Ombla à Raguse (Dalmatie), la plupart des Kephalovrysis (sources) de Grèce, le Clapham-Beck à Ingleborough, la Cladagh à Marble-Arch, etc. (***). M. Schlœsing, dans le mémoire cité ci-dessus, a sanctionné cette distinction entre les vraies et les fausses sources et montré quelle importance elle présente, au point de vue hygiénique, pour la filtration et la pureté des eaux (****).

(*) *Spelunca*, n° 4 (1895), p. 148.

(**) Ed. Dupont, *Bulletin de la Société belge d'hydrologie*, t. IV, 15 juillet 1890, p. 205 ; — Martel, *Comptes rendus de l'Académie des Sciences*, 21 mars 1892 ; — Les Abîmes, p. 549, 532.

(***) Les Abîmes, p. 553.

(****) V. aussi ma note sur la *contamination des sources de terrains calcaires*. — *Comptes rendus de l'Académie des Sciences*, 21 mars 1892.

Rivières souterraines sans siphons. — Quelques cavernes sont traversées par l'eau sans siphons interposés, mais elles sont rares, et les principaux exemples sont le Mas d'Azil et Bramabiau, en France; Douboca, en Serbie (*); Esctate-Boli, en Transylvanie (**); les grottes de Pung et du Nam-Hin-Boune, en Indo-Chine, etc.

Sources intermittentes régulières. — Enfin, les sources intermittentes dites *régulières* ou *périodiques*, ou à jaillissements également espacés, demeurent encore énigmatiques; toutes sont trop étroites, ou au moins trop dangereuses, pour être explorées à l'intérieur ; on reste réduit, sur leur mécanisme, à l'hypothèse du jeu de siphons d'inégaux diamètres, séparés par des réservoirs se vidant plus vite qu'ils ne se remplissent.

Sources intermittentes irrégulières. — Les autres sources intermittentes, *irrégulières* ou *temporaires*, sont généralement les trop-pleins de sources voisines ou peu éloignées.

Je m'en occuperai aussi dans la seconde partie, et je résume ce qui concerne le rôle hydrologique des cavités naturelles du sol en disant que *les eaux d'infiltration sont absorbées par les abîmes et autres crevasses superficielles, emmagasinées par les cavernes et débitées par les sources.*

RECHERCHES DIVERSES A EFFECTUER. — Je n'ai rien à ajouter à ce que l'on sait déjà ou à ce que j'ai précédemment écrit sur les recherches paléontologiques effectuées ou restant à effectuer sous le talus d'éboulements des abîmes, — sur l'origine des phosphorites du Quercy dans les crevasses des Causses de Tarn-et-Garonne, des phosphates d'alumine de Minerve, — sur les glacières naturelles et les diverses théories dont elles ont été l'objet, — sur les documents

---

(*) V. *Spelunca*, n° 3 (1895), par le Dr Cvijić.
(**) KRAUS, Höhlenkunde, p. 59-60.

stratigraphiques que fourniront les belles coupes naturelles des abîmes, — sur les observations d'ordre tectonique que peuvent provoquer les parois disloquées et contournées de gouffres tels que ceux des Vitarelles, des Besaces et d'Arcambal (Lot), de Saint-Canzian (Istrie), etc., — sur l'étude et l'emploi des substances diverses contenues dans les cavernes (argiles, phosphates, salpêtre, guanos, etc.), — sur l'analyse chimique de leurs eaux, — sur l'utilité, pour les ingénieurs, de connaître les vides existants, afin de n'en être point gênés dans l'exécution des travaux publics, — sur l'utilisation et l'aménagement industriels des cavités souterraines et de leurs réservoirs d'eau, — sur la protection des sources contre la contamination dans les terrains fissurés, — sur la désobstruction des Katavothres et la suppression des marais en Grèce, — sur les expériences de pesanteur et d'électricité à tenter dans les abîmes et cascades souterraines. — Tout un programme d'intéressantes recherches nouvelles est tracé maintenant, grâce aux récents progrès de la spéléologie; depuis dix ans, ces progrès ont rompu le charme de terreur, qui jusqu'alors avait écarté l'homme des profondeurs aujourd'hui parfaitement, sinon facilement, accessibles !

DEUXIÈME PARTIE.

VARIATIONS CLIMATÉRIQUES DES CAVERNES.

La météorologie des cavernes n'a été jusqu'ici l'objet que de très insuffisantes recherches.

PRESSION ATMOSPHÉRIQUE. — Pour la pression de l'air, je ne connais qu'une expérience scientifique, celle d'Adolf Schmidl, à Adelsberg ; pendant vingt-quatre heures

(14-15 septembre 1852), il fit des observations horaires du baromètre dans l'intérieur de la grotte, tandis que M. Schinko se chargeait des lectures correspondantes au dehors dans le bourg même ; la conclusion générale fut que la pression était plus forte et ses variations un peu plus amples dans la caverne.

Le temps m'a toujours fait défaut pour exécuter, dans les conditions voulues, des observations de ce genre. J'ai deux remarques seulement à produire.

La première c'est que, dans tous les abîmes verticaux où les mesures directes ont été possibles, les indications du baromètre ont bien coïncidé avec celles des sondages à la corde ; il est vrai que, dans ces puits droits, l'air extérieur arrive directement au fond. A Jean-Nouveau, par exemple, le baromètre indiquait de 160 à 165 mètres de profondeur, et la corde, 163 mètres ; à Padirac, la moyenne de toutes les lectures est 103 mètres, chiffre du sondage.

Anomalies observées. — La seconde, c'est que les deux cavernes où je suis le plus fréquemment descendu (Dargilan sept fois, et Padirac six fois) m'ont, à plusieurs reprises, montré des anomalies barométriques tout à fait inexplicables. A Dargilan, notamment, l'une d'elles s'est répétée deux fois dans la grande galerie ; elle me faisait trouver une profondeur de 130 mètres en 1889 et de 80 mètres en 1896, au lieu de 55 mètres en 1892 (même instrument en 1892 qu'en 1896). Ce dernier chiffre est bien approché de la vérité, puisqu'en 1895 M. Carrière, géomètre expert, dans le travail de précision dont il a été chargé par le tribunal du Vigan, au cours d'un procès, a trouvé 57^m,81.

Je ne puis imputer à des erreurs de lecture ces accidents réitérés dans des mêmes localités ; mais, faute de précision suffisante, je dois me borner à attirer l'attention sur cette question.

Températures. — *Nouveaux principes reconnus.* — Pour les températures de l'air et de l'eau des cavernes et des sources, au contraire, j'ai pu formuler, à l'aide de plus d'un millier d'observations, les nouvelles données suivantes : 1° la température de l'air des cavernes n'est pas constante ; — 2° elle n'est pas uniforme dans les diverses parties d'une même cavité ; — 3° celle de l'eau y est sujette aux mêmes variations et dissemblances ; — 4° elle diffère souvent de celle de l'air : — 5° les rivières englouties dans les cavernes peuvent y produire, de l'été à l'hiver, des variations importantes, plus faibles cependant que celles de l'air extérieur ; — 6° la température des sources n'est pas toujours égale à la température moyenne annuelle du lieu ; — 7° dans les abîmes verticaux, communiquant librement avec le dehors, il se produit une opposition complète entre la température de la saison chaude et celle de la saison froide, sous l'influence de la température externe (*).

Anomalies géothermiques dans les abîmes. — Je n'ai jamais vu, même à Rabanel, Vigne-Close, Jean-Nouveau, Viazac (tous profonds de plus de 150 mètres), la température augmenter, comme dans les mines et les tunnels, avec la profondeur. Cela tient sans doute à l'extrême fissuration du calcaire et à la densité de l'air froid, qui tend toujours à se précipiter dans les fissures.

Cependant deux faits contraires ont été récemment observés dans le Karst autrichien.

A l'abîme de *Kluc* (Bassoviza, près Trieste), le 1er novembre 1894, les premiers explorateurs (MM. Petritsch, Perko, Citter, etc.) ont trouvé : 2°,5 C. à l'extérieur ;

(*) V. *Comptes rendus de l'Académie des Sciences.* 12 mars 1894, 13 janvier 1896, 20 avril 1896 : — et Les Abîmes, p. 391, 483, 485, 575 et 562.

12°,5 à 25 mètres de profondeur; 15° à 90 mètres;
17° à 170 mètres ; 19° à 226 mètres (*).

Dans l'abîme du *cimetière*, près Bassovizza également,
M. E. Boegan a observé, le 9 février 1896 : 9° C. à
l'extérieur, 18° à 115 mètres, au fond du grand puits
absolument vertical, 13°,5 à 201 mètres à l'extrémité de
la galerie, longue de 181 mètres et inclinée à 30°, qui fait
suite au puits (cette deuxième observation a été con-
testée).

La moyenne annuelle de la localité est d'environ 10° (**).

La raison de ces réchauffements est inconnue. Peut-être
existe-t-il dans le voisinage une source thermale ignorée,
comme le supposait Marcel de Serres à propos des trous
de Monteils, près de Montpellier (***). Peut-être le calcaire est-il là moins fissuré et s'oppose-t-il à la descente
de l'air froid en hiver. Il sera utile de multiplier les
renseignements sur ce point. Les anomalies géothermiques
des cavernes profondes méritent d'être étudiées.

ORIGINE ET VARIATIONS DE L'ACIDE CARBONIQUE. — Une
des curieuses variations à examiner, dans les cavernes,
est celle du niveau de l'acide carbonique, dans les
rares endroits où on l'a rencontré ; elles dépendent sans
doute des changements qui affectent la pression atmosphérique.

Le *Creux de Souci* de la coulée du Puy de Montchal
(derrière le lac Pavin), en Auvergne, a montré ainsi les
plus curieuses fluctuations dans sa couche d'acide carbonique :
Gaupillat, Delebecque et moi avons été arrêtés à 4 mètres
du fond le 19 juin 1892 ; dans le second semestre de cette
année-là, M. Berthoule y descendait sans encombre à

(*) V. *Spelunca*, n° 1 (1895), p. 43.

(**) *Spelunca*, n° 5 (1896), p. 43.

(***) V. *Comptes rendus de l'Académie des Sciences*, 29 mai 1837 ; —
et *Essai sur les cavernes à ossements*, p. 29 (3ᵉ édit.).

quatre reprises; une cinquième fois, le 10 août 1893; puis, le 18 août 1893, une véritable éruption d'acide carbonique se manifestait à l'orifice du gouffre (*).

Au gouffre de Roque-de-Corn sur le Causse de Gramat, M. Lalande retrouvait, le 3 octobre 1891, l'acide carbonique qui nous avait empêchés, le 12 septembre 1890, de pénétrer dans une poche latérale de la caverne; le 30 septembre 1895, l'obstacle avait disparu, et j'ai pu pénétrer dans cette poche profonde de 3 mètres: elle mène à une galerie basse horizontale, où l'affaiblissement de ma lumière et la difficulté de respiration trahissaient encore l'acide carbonique: il avait donc baissé, sans disparaître complètement. Au bout de la caverne, le siphon terminal, qui arrête la marche, avait baissé également. Quelle relation peut-il exister entre ces deux manifestations?

L'acide carbonique a encore été rencontré à la source de Mavaguar et à la goule de Foussoubie (Ardèche), ainsi que dans les Katavothres du Dragon, de Verzova et de Spilia-Gogou (Péloponèse) (**). Dans ces trois dernières localités, son origine paraît due à la décomposition de matières végétales entraînées par les eaux; au Creux de Souci, c'est une mofette, reste de l'ancienne activité volcanique; à Roque-de-Corn et dans l'Ardèche, elle demeure inexpliquée.

VARIATIONS DU NIVEAU DES EAUX. — Ce qui varie le plus, en somme, dans les cavernes, c'est le niveau de leurs eaux.

On a vu plus haut que ces eaux y pénètrent de deux façons différentes: goutte à goutte, par le suintement des voûtes; à flots plus ou moins abondants, par les absorptions de ruisseaux.

(*) V. Les Abîmes, chap. XXII; — et *Comptes rendus de l'Académie des Sciences*, 4 juillet et 28 novembre 1892.

(**) Les Abîmes, p. 101, 106, 503, 510.

Le suintement remplit, en général, des bassins isolés ou
réunis entre eux; les pertes sont continuées par les
rivières souterraines. Les variations de niveau des uns
et des autres dépendent exclusivement des précipitations
atmosphériques extérieures. D'après les observations pré-
cises suivantes, elles doivent être beaucoup plus brusques
qu'on ne semblait l'admettre jusqu'à présent.

Ruisseaux absorbés. — Dans les diverses grottes du
cours souterrain de la Piuka (Adelsberg, Piuka-Jama,
Planina, etc.), MM. Kraus et Putick ont observé fréquemment que les crues intérieures suivaient à quelques
heures près celles de l'extérieur, retardées seulement de
plus en plus vers l'aval par les différents siphons interposés.

Le 20 septembre 1893, j'y ai vu, dans un des petits lacs
souterrains, 1 mètre d'eau de plus que le 16. Le 18 septembre 1893, j'ai vu la Piuka à Planina croître et décroître
de $0^m,60$ en quatre heures (*). Gaupillat, en 1892, a constaté que les rivières souterraines de la Baume-de-Sauvas
(Ardèche) et du Tindoul de la Vayssière coulaient à gros
bouillons moins de vingt-quatre heures après de fortes
chutes d'eau en amont (Les Abîmes, p. 129, etc.). La
Lesse, dans la caverne de Han, subit également des crues
et baisses très rapides; nous nous en sommes assurés,
M. L. De Launay et moi, en avril 1890.

De même, à Peak-Cavern (Derbyshire), en juillet 1895.

Mes récentes observations à Padirac sont particulièrement instructives. Le courant souterrain y est en somme
formé par plusieurs ruisseaux perdus dans une faille et
reparaissant à 100 mètres sous terre en une fontaine
unique. Les 9-10 juillet 1889 et 9-10 septembre 1890, la
fontaine coulait faiblement; les 22-23 septembre 1890, un

(*) Les Abîmes, p. 100, 191, 450.

orage la grossissait considérablement ; le 28 septembre 1895, au soir, elle était tarie ; le lendemain matin, elle recommençait à couler très peu ; du 28 mars au 1er avril 1896, pendant de fortes chutes de pluie et neige, son débit était plus fort que nous ne l'avons jamais vu ; il a dû atteindre, à son maximum, 1 mètre cube par seconde ; et nous avons, durant ces cinq jours, constaté que ses variations suivirent exactement, avec vingt-quatre heures environ de retard, celles de la précipitation atmosphérique (*).

Ces faits ne permettent plus guère d'énoncer que « dans les calcaires fissurés les variations du régime météorologique ne se font que lentement sentir sur les réservoirs intérieurs des sources (**) ». Ils nous autorisent à demander la modification de ce principe, admis jusqu'ici.

Vitesse des rivières souterraines. Expériences de coloration. — Disons maintenant quelles données on possède sur la vitesse de propagation des rivières souterraines. Elles résultent d'expériences de coloration : des solutions de fluorescéine ou d'uranine, jetées dans des pertes de rivières, ont coloré les sources supposées correspondantes avec une rapidité plus ou moins grande, consignée dans le tableau ci-dessous (***) :

(*) V. *Comptes rendus de l'Académie des Sciences*, 20 avril 1896 ; — et *Revue de géographie*, juin 1896.

(**) De Lapparent, Géographie physique, p. 87.

(***) V., pour plus de détails, Les Abîmes, p. 477, 553, etc. ; — et De Agostini et Marinelli, Studii idrografici sul Bacino Della Pollaccia, *Rivista geografica italiana*, mai 1894. — Rappelons aussi les expériences de M. Ferray pour l'Avre et l'Iton (Eure) ; *Comptes rendus de l'Association française pour l'avancement des sciences*, Caen, 1894.

DATE de l'expérience	NOMS des expérimentateurs	PERTE	SOURCE	DISTANCE	DURÉE de la transmission	NOMBRE de mètres par heure
9 oct. 1877	Ten Brink (ou Durand)	Danube	Aach	kilomètres 1½ ou 30(?)	heures 60 24 (?)	233 mètres 1,250 » (1)
12 juin 1891	Doria	Recca à Ober-Urem	Recca à Saint-Canzian	8	10	800 »
1er sept. 1893	Piccard	Lac Brenet	Orbe	3	50	60 »
28 déc. 1893	Forel et Golliez	»	»	»	22	136 »
3 mars 1894	Agostini et Marinelli	Canal d'Arni	Pollaccia	3,75	41	91 »
28 mars 1896	Martel et Rupin	Perte de Bagou	Rivière souterr. de Padirac	2	30	66 »
D'après M. Sidérides		Kat. de Verzova	Benicovi	4	2 à 3 (?)	2 à 1,3 kilom.

Beaucoup d'autres expériences de ce genre sont demeu-
rées infructueuses, ou ont été exécutées avec trop peu de
précision pour donner des résultats utiles. Ce chapitre
encore est un des plus incomplets.

Bassins de suintement. — Les bassins stalagmitiques
uniquement alimentés par les suintements des voûtes sont
sujets à des oscillations analogues, quoique sans doute
moins brusques et provoquées par l'évaporation.

A Padirac, le *gour*, placé à 90 mètres sous terre, entre le
deuxième et le troisième puits, était tout à fait vide (si ce
n'est de pierres) en juillet 1889, septembre 1890 et septembre 1895; complètement plein, au contraire, en
mars 1896. — Au lac supérieur du grand dôme, le niveau de
l'eau, en dessous de la margelle stalagmitique, était à environ 50 centimètres le 9 septembre 1890, 25 centimètres
le 23 septembre 1890, 1 mètre le 29 septembre 1895;
l'eau s'écoulait en cascatelle par dessus en mars 1896.

A *Dargilan*, au contraire, le 4 avril 1896, tous les bas-

sins étaient à peu près vides, ou du moins plus bas de
0ᵐ,75 à 1ᵐ,50 qu'en 1888, 1889, 1890 et 1892. Jamais on
ne les avait vus aussi réduits. Cela tient à ce que l'année 1895
a été très sèche et qu'aucune neige n'est tombée pendant l'hiver 1895-1896 sur le Causse Noir. Le suintement
des voûtes était presque complètement arrêté le 4 avril 1896.
L'évaporation est donc active dans les cavernes.

A la même époque, toutes les citernes du Causse Méjean
étaient vides, et les habitants devaient descendre chercher
leur eau dans les vallées.

Tout ce qui précède établit suffisamment que l'infiltration des eaux superficielles est, en général, assez rapide
à travers les fissures du calcaire et que les cavernes
s'emplissent et se vident plus vite qu'on ne pourrait le
croire ; pour accroître leur efficacité comme réservoirs et
régulateurs des eaux souterraines, il faudrait donc ralentir l'infiltration.

Reboisement. — Le moyen est bien connu : il consiste
à reconstituer le sol végétal par le reboisement. Mais ce
n'est pas ici qu'il faut une fois de plus insister sur les
désastreux effets de la destruction des forêts, ni sur le
danger du lent et progressif desséchement de la terre.
Innombrables sont les preuves de ce desséchement : disparition ou diminution de sources, officiellement constatées
depuis un siècle environ ; — petitesse des canaux souterrains actuels, comparés à ceux des anciennes rivières
souterraines abandonnées (à la Piuka, par exemple) ; —
délaissement complet par l'eau souterraine d'aqueducs
naturels aussi immenses que celui de la grotte de Saint-Marcel d'Ardèche, par exemple ; — etc., etc. (*). Ce
n'est pas aux lecteurs des *Annales des Mines* que ces
vérités doivent être répétées; c'est aux adversaires de

(*) V. Delesse, *Bulletin de la Société de géologie de France*, 2ᵉ série,
t. XIX (4 novembre 1861), p. 87 (Diminution de l'eau superficielle) ;
— Martel, Les Abîmes, p. 220, 553.

l administration forestière, aux peu clairvoyants pâtres et cultivateurs qu'il faudrait inspirer le respect de l'arbre ; des lois sévères pourront seules y parvenir.

Trop-pleins et sources temporaires. — Les crues de rivières souterraines, dont je viens de fournir des exemples, donnent la clef du fonctionnement de ces sources temporaires qu'on ne voit jaillir qu'après les grandes pluies hors de cavernes la plupart du temps à sec ; j'ai pénétré dans un grand nombre de ces trop-pleins, presque tous anciens déversoirs de courants jadis beaucoup plus importants, aujourd'hui déchus, et plus bas enfouis dans le sol ; tous se ressemblent, depuis la caverne d'Ingleborough, en Angleterre, jusqu'à celle de la Rjeka, au Monténégro ; depuis la grotte de Saint-Gery (la Bonnette, Tarn-et-Garonne) jusqu'au Kephalovrysi (source) de Benicovi (Péloponèse). Chacun mène, après un plus ou moins long trajet, aux cours actuels de ruisseaux souterrains et aux siphons qui les entravent. Ce sont les soupapes de sûreté des inondations souterraines. Parfois nous avons pu circuler pendant des sécheresses dans de vrais siphons désamorcés (source de l'Ecluse, Ardèche ; — Rjeka du Monténégro ; — source des Douze, Lozère ; — le Boundoulaou, Aveyron ; — Grotte du Sergent, Hérault ; — de l'Aluech, Aveyron ; — Œil-de-la-Dou (Lot), exploré par M. Rupin ; — source du Liron, trop-plein du Lez (Hérault), exploré par M. Twight, etc., etc.).

Parmi les plus curieux de ces trop-pleins sont certainement ceux de la *Bonnette* et de l'*Oule* (Lot). A la source de la Bonnette, l'eau ne sort plus à l'étiage, par la caverne, mais 15 à 20 mètres au dessous, par un étroit canal impénétrable ; l'ancien déversoir ne fonctionne plus que très rarement, après les très fortes chutes de pluie ; le plan et la coupe de la Pl. I (*fig.* 3 et 4) expliquent suffisamment le fonctionnement de cette source. — Quant

à l'Oule, elle ne coule que lorsque la source du Lantouy
(source de fond, comme le Loiret), à 3 kilomètres au nord et
50 mètres plus bas, jaillit à gros bouillons. En 1894 et 1895,
l'Oule a été explorée à diverses reprises par MM. G. Pradines
et Aymard (de Limogne) et moi-même ; à chaque visite, le
niveau du siphon final a été trouvé différent. Et même, en
octobre 1895, il était complètement obstrué par du sable.
Des modifications dues à des déplacements ou éboulements d'argile y ont été aussi constatées. Le plan et la
coupe, Pl. I, *fig.* 1 et 2, montrent suffisamment comment
l'eau, pour se faire jour au dehors, a transformé les fissures
du sol. Les dispositions siphonnantes les plus complexes
s'y remarquent ; elles expliquent comment des amorçages
subits peuvent donner lieu aux brusques, quoique rares,
jaillissements, parfois élevés de plusieurs mètres, qui ont
rendu cette source très célèbre dans la région de Cahors.
Je ne saurais mieux terminer que par ce remarquable
exemple tout ce qui se rapporte à l'hydrologie des
cavernes.

TROISIÈME PARTIE.

LES CAVERNES DU PEAK (DERBYSHIRE)
ET LEURS RELATIONS AVEC LES FILONS MÉTALLIFÈRES.

RELATION DES CAVITÉS NATURELLES AVEC LES FILONS. — Il
est aisé de comprendre qu'une relation puisse exister entre
les abimes, cavernes et sources, d'une part, et les filons
métallifères, d'autre part, puisque les cassures naturelles
du sol ont dirigé aussi bien le travail excavateur des eaux
souterraines, que l'œuvre de précipitation ancienne des
émanations métalliques. Dans les divers phénomènes d'alté-
ration et de remise en mouvement des minerais, que les

eaux superficielles produisent sur la partie haute des filons,
et particulièrement quand ceux-ci recoupent des calcaires,
on a souvent constaté l'intervention de véritables grottes
contiguës à ces filons, et où se sont parfois redéposés, par
une réaction secondaire, des minerais empruntés aux
gîtes voisins. Ces grottes, incrustées ainsi de galène, de
blende, de carbonate de plomb, de calamine, de gypse, etc.,
où l'on a parfois voulu voir la forme primitive du gîte
métallifère, ont été, en réalité, creusées longtemps après
le dépôt de celui-ci, alors que la surface du sol était déjà à
son niveau actuel, et l'on comprend que les eaux, acidifiées
par leur contact avec des sulfures métalliques divers en
présence de l'oxygène de l'air, aient dû avoir sur les calcaires une action corrosive tout particulièrement intense (*).

Nous nous contenterons de rappeler ici, parmi les cas
les plus connus de grottes encore ouvertes au contact de
gîtes métallifères, ceux du Laurium en Grèce, d'Eureka
dans le Nevada, de cavernes plombifères dans la dolomie
(Haut-Mississipi ; V. Von Groddeck, Gîtes métallifères,
p. 323), etc. (**). Les poches à phosphorites du Quercy, de
phosphate et de manganèse du Nassau, de minerai de fer
sidérolithique du Berry, etc., se rattachent également au
même ordre de phénomènes.

Il y aurait un grand intérêt à préciser, par des études
directes et méthodiques faites sur ces grottes et poches,
les conditions exactes de ces relations, la vraie nature
du rapport entre les cavernes et les filons, l'ordre de succession général des deux phénomènes, etc.

Les profondes explorations d'abîmes sont-elles de nature
à faire connaître dans cet ordre d'idées des choses inté-

(*) V. L. De Launay, L'Argent, p. 95-106; Paris, J.-B. Baillière, 1896:
in-8°.

(**) A Balls-Eye-Mine près Bonsal, le minerai de plomb argentifère
remplissait une grotte naturelle jusqu'à la hauteur d'un mètre de la
surface du sol (Short, *op. cit.*, 1734, p. 73).

ressantes ? Quelques faits, jusqu'à présent très rares, mais très caractéristiques, permettent de répondre affirmativement sans nulle hésitation.

Le plus curieux est assurément la galerie de mine découverte, en juillet 1892, par mon collaborateur G. Gaupillat, au fond de l'abîme de Bouche-Payrol, près Silvanès (Aveyron), à 120 mètres sous terre. Il est dans le calcaire de transition ; la galerie est taillée au pic ; les scories et la couleur verte des stalactites dénotent un gisement cuprifère ; cette exploitation reste un mystère, et l'on n'a pas encore fait l'étude que je recommandais (p. 165 des Abîmes) pour la solution de ce curieux problème.

Une des galeries de Bramabiau renferme un filon de fer dont l'injection en plein calcaire infraliasique n'est pas moins énigmatique.

Enfin, les cavernes du Peak, en Derbyshire (Angleterre), recoupent une quantité de filons plombifères.

J'ai visité ces cavernes l'année dernière, et la description détaillée que je vais en donner fournira quelques vagues indications sur les rapports des deux phénomènes, en même temps qu'elle présentera un assez complet résumé des questions géologiques et hydrologiques examinées dans les pages qui précèdent.

CAVERNES DU DERBYSHIRE. LE PEAK. — Le *Peak* (Derbyshire), dont ni les formes ni l'altitude (300 à 637 mètres) ne justifient le nom (le pic), est un ensemble de plateaux calcaires carbonifères, sillonnés de peu profondes vallées, entre Manchester et Sheffield.

Sur son versant oriental, aux sources de la rivière Derwent, le village de Castleton est depuis longtemps célèbre pour ses environs pittoresques et ses très curieuses cavernes, qui sont au nombre de trois : la Peak-Cavern, la Speedwell-Mine et la Blue-John-Mine.

Les deux dernières sont en partie artificielles, et toutes trois présentent des dispositions exceptionnelles, — sur lesquelles je vais m'étendre, — en ce qui touche l'hydrologie souterraine et la relation avec les filons métallifères de la région.

Peak-Cavern. — La caverne du Peak, nommée aussi caverne du Diable (*Devil's arse*), derrière le village même de Castleton, est peut-être la plus populaire d'Angleterre, et chaque jour de nombreux touristes s'y succèdent.

Il y a cent ans que le naturaliste français Faujas de Saint-Fond l'a traitée de magnifique caverne dans une description de 17 pages, fort ampoulée, consacrée à cette première des « sept merveilles du Derbyshire, célébrée par plusieurs poètes (*) ».

Schmidl, le vaillant explorateur des cavernes d'Autriche, la cite dans un de ses mémoires (**) et lui attribue, par ouï-dire, une longueur égale à 458 klafter de Vienne, soit 868 mètres. Badin (***) dit que sa grande salle est « tellement immense que les flambeaux n'en peuvent dissiper les ténèbres, et qu'il est impossible d'en mesurer l'élévation et la profondeur ». Enfin, les guides spéciaux et de nombreuses descriptions anglaises en font naturellement le plus pompeux éloge.

Disons tout de suite que l'entrée seule, le vestibule, est digne d'admiration, bien méritée, il est vrai, car c'est un tableau moins grandiose, mais plus gai que Vaucluse, et aussi surprenant que la perte du Réveillon, dans le Lot, et la sortie de la Piuka à Kleinhaüsel (Carniole).

C'est, d'ailleurs, une rivière souterraine qui a édifié ce porche monumental : mais elle ne l'utilise plus que comme trop-plein, lors de ses crues, car elle est bien déchue de

---

(*) Voyage en Angleterre, t. II, p. 361-377.
(**) Die Baradla-Höhle, 1856.
(***) Grottes et Cavernes, p. 198; Paris, Hachette, 1870, in-12.

son ancienne puissance et elle jaillit aujourd'hui en aval et à un niveau inférieur, en trois points où nous reviendrons tout à l'heure. Au printemps, il faut souvent la déblayer (*) après les flux de l'hiver.

Retrouver son cours intérieur et reconnaître les causes de ses débordements à la suite des grandes pluies, telle est la seule raison de pénétrer à l'intérieur de Peak-Cavern, qui ne possède pas une seule jolie concrétion.

Sur le plan et la coupe (Pl. III, *fig.* 1 et 2) figurent les dispositions dignes de remarque.

Du côté ouest du vestibule (à droite en entrant) s'ouvre dans la voûte une fissure (aven), à peu près verticale, qui a dû amener jadis de fortes infiltrations ; elles confluaient là avec le courant qui venait du cœur de la montagne.

J'ai dit plus haut que ce courant ne sort plus ici en temps ordinaire, mais seulement lors des crues ; encore ne remplit-il, en ce cas, qu'une partie du vestibule, une sorte de fossé creusé dans l'argile de remplissage, le long et au pied de la paroi est (à gauche en entrant).

Derrière une porte placée au fond du vestibule, un couloir a été nommé *salle des Cloches*, à cause des petits dômes d'érosion creusés dans sa voûte ; au bout, le *Styx* est un bassin d'eau de 15 mètres de longueur sur 2 ou 3 de largeur ; autrefois on le traversait à demi couché dans un bateau, pour passer sous une strate rocheuse et déboucher dans la grande salle qui le suit. On a simplifié ce passage et pratiqué un tunnel dans le rocher voisin.

Le déversoir du Styx (qui n'a pas 1 mètre de profondeur) est, dans la salle des Cloches, une simple infiltration d'eau entre les pierres du sol.

Les dimensions que la majorité des auteurs prêtent à la

(*) Caves of the earth, p. 46. (Pour les renvois bibliographiques voir la liste à la fin de chapitre.)

Grande-Salle doivent être réduites de 82 à 60 mètres environ pour la longueur, de 64 à 30 pour la largeur et de 37 à 25 ou 30 pour la hauteur (*). C'est un évidement d'érosion et de corrosion, pratiqué par les eaux souterraines, en amont des strates plus résistantes du Styx et de la salle des Cloches, avant qu'elles aient réussi à s'évacuer par là. Faujas de Saint-Fond ignore « ce qu'ont pu devenir les matériaux qui ont dû occuper d'aussi grands vides ». Ils ont été dissociés par l'eau, qui s'est chargée du carbonate de chaux et a déposé l'argile. Une partie, d'ailleurs, est demeurée dans la salle sous forme de deux talus entre lesquels le menu ruisseau du Styx a tracé son lit.

Un petit sentier en zigzag gravit le talus méridional, en haut duquel s'ouvrent deux petites galeries ; l'une, droit au sud, est une impasse argileuse ; l'autre, vers le sud-est, est plus large et débouche, après deux ou trois coudes, sur un balcon rocheux, nommé la *Chaire* ou l'*Orchestre*, à l'élévation *considérable* de ... 7 mètres au-dessus du sol d'une autre petite salle nommée *Roger-Rain's House* ; les visiteurs se rendent de la Grande-Salle jusqu'au pied de l'Orchestre par le chemin ordinaire, très facile, un large couloir montant et tournant. Bien mieux que les explications du guide, le magnésium et la boussole m'ont fait voir là une curieuse disposition, suffisamment expliquée par la coupe.

Roger-Rain's House (la maison de la pluie du génie Roger) communique avec la Grande-Salle par deux passages, l'un inférieur (celui des visiteurs), l'autre du balcon, tous deux forés par l'eau. A la voûte de Roger-Rain's House, une fissure d'infiltration débite une cascatelle qui ne tarit jamais, paraît-il, et dont le volume varie selon

---

(*) **Aikin.** *op. cit.* (1795), lui donne bien 70 yards de long, mais 40 de haut. Le yard vaut 0^m,914.

l'abondance des pluies. On prétendait que cette *pluie du génie Roger* provient d'une petite source (*Lady's Well*), qui, dans le ravin de *Cave-Dale*, derrière le château de Péveril (*), se perd dans des fissures rocheuses presque dès sa naissance ; cette hypothèse doit être exacte ; en superposant le tracé extérieur de Cave-Dale au tracé intérieur de la caverne, j'ai reconnu qu'il y a peu de distance horizontale (environ 150 mètres) et 20 mètres de différence de niveau entre la perte de Lady's-Well et la voûte de Roger-Rain's House (V. la coupe *fig.* 2). En temps ordinaire, cette infiltration constante, qui nous montre, comme bien d'autres *swallow holes*, que les terrains calcaires anglais ne sont point encore parvenus au desséchement superficiel complet, sert d'aliment au Styx, qu'elle va nourrir par la galerie des visiteurs et la Grande-Salle. Après les fortes pluies, elle doit se subdiviser en deux parties, et la seconde se déverse dans une autre galerie (*Pluto's Dining-Room*) qui s'incline assez rapidement vers le sud ; c'est la continuation de la caverne. Après 150 mètres de parcours et 23 mètres de descente, cette galerie tourne à angle droit et est occupée par un vrai cours d'eau, beaucoup plus abondant que le Styx, et réel excavateur de ce labyrinthe ; à main gauche (côté est), il disparaît sous une voûte basse où l'on ne peut le suivre ; mais jadis (et maintenant encore aux grandes eaux) il s'élevait jusqu'à Roger-Rain's House, redescendait dans la Grande-Salle, puis remontait un peu la salle des Cloches pour sortir, impétueuse rivière, par la grande arche d'entrée, qu'il délaisse maintenant d'ordinaire : ma coupe fait bien voir, avec les hauteurs deux fois et demie plus grandes que les longueurs, les deux curieux siphons successifs ainsi parcourus par l'ancien torrent ; elle explique aussi

---

(*) Sous le donjon de ce château, M. Rooke Pennington a trouvé et fouillé une petite caverne préhistorique (celtique?) (*Quarterly Journal of the geological Society*, t. XXXI. 1875, p. 238).

comment, au confluent de Roger-Rain's, il devait se produire un excès de pression qui a favorisé l'excavation de la galerie du balcon et de la Grande-Salle. Tout cela s'est vidé le jour où, conformément à l'universelle loi des cavernes, l'eau a pu se frayer, à un niveau inférieur, une nouvelle voie qui lui évitait l'ascension des siphons. Cette voie, impénétrable à l'homme actuellement, est marquée sur les deux figures par une ligne pointillée (courant inconnu).

La suite de la galerie est désormais en pente fort douce, ne s'élevant guère que de 4 ou 5 mètres sur les 300 mètres pendant lesquels on peut la remonter ; le ruisseau y coule bruyamment entre des berges d'argile, sur lesquelles on a tracé un bon sentier qui franchit l'eau cinq fois. La hauteur du couloir, peu accidenté, sans aucun effondrement, est de 3 mètres en moyenne ; sa largeur est de 4 à 6 mètres.

A la voûte, on remarque les régulières petites ogives de plusieurs arcades (*arches*) ; ce sont des diaclases transversales, agrandies en fuseaux, comme dans la plupart des cavernes ; quelques-unes ont pris la forme de petites coupoles d'érosion ; et trois d'entre elles, les principales, sont de grandes fissures d'infiltration, comme celle du vestibule, — des affluents souterrains pareils à Roger-Rain's, mais ne fonctionnant plus maintenant, sans doute, qu'après les pluies ou la fonte des neiges. — La dernière de ces crevasses verticales est un énorme *aven*, une de ces fissures ascendantes que les mineurs de la contrée nomment des *rakes*, large de 6 à 10 mètres et incliné de 75 à 80° environ sur l'horizon ; c'est un abîme inachevé, c'est-à-dire une cassure que l'érosion n'a pas dilatée jusqu'à la surface du sol, car l'on n'y a pas trouvé son orifice. Il est fort élevé cependant, tout en n'ayant pas sans doute la hauteur de plus de 300 pieds qu'on lui attribue ; s'il l'atteignait, il recouperait la surface du sol, qui, d'après la superposition de la carte au 10.560ᵉ et de mon levé souterrain, doit se trouver en cet endroit à 100 mètres au-dessus du niveau de la rivière intérieure. Ce gouffre, fermé par le haut, nommé *Victoria-Cave*, et découvert en 1842, rentre dans la catégorie des avens latéralement greffés sur des rivières souterraines, tels que Rabanel, les Combettes, le Mas-Raynal (*) et le Grand-Dôme-de-Padirac (**). Comme pour tous les puits verticaux des voûtes de caverne, il serait bon d'en effectuer l'ascension, afin de rechercher s'il ne sert pas d'exutoire à un ou plusieurs étages de grottes. Autrefois, on avait construit une sorte d'échafaudage pour éclairer le gouffre par le haut. Mais les bois se sont pourris ; on pourrait les rétablir et les prolonger en hauteur.

On sait que nous avons trouvé, sous les Causses, maints exemples de ces superpositions (Viazac, Baumes-Chaudes, Tabourel, etc.), et que MM. Marinistch, Müller et Hanke ont rencontré plusieurs excavations latérales importantes, en escaladant ainsi les parois presque verticales du colossal souterrain de la Recca, près Trieste (***).

Au pied même de Victoria-Cave, il y a un autre affluent, horizontal, celui-là ; un filet d'eau sort d'une très courte galerie (V. le plan, Pl. III, *fig.* 1), où la marche est arrêtée au bout de quelques mètres par un bassin d'eau ; la voûte baisse, mais un tournant ne m'a pas permis de voir s'il y a là un siphon véritable, la profondeur était trop grande pour s'y avancer, et je ne sais guère si un bateau, même démontable, pourrait évoluer ici ; c'est un point qu'il y aurait lieu d'examiner après une longue sécheresse ; les eaux étaient assez hautes lors de ma visite ; la température de cet affluent était de 8° C.,

---

(*) V. Les Abîmes, p. 143, 172, 325.
(**) V. *Comptes rendus de l'Académie des Sciences*, 21 octobre 1895 ; — et *la Nature*, 16 novembre 1895.
(***) V. Les Abîmes, p. 209. 232, 334, 469.

ce qui correspond à la moyenne température annuelle de
la localité. Il est fort possible, et j'expliquerai tout à
l'heure comment, que cet affluent provienne de la deuxième
grotte de Castleton, celle de la *Speedwell-Mine*.

Après ce double et curieux confluent, la galerie du
ruisseau principal tourne brusquement à angle droit vers
le sud-est ; au bout de 30 mètres, le sentier s'arrête,
parce que l'eau occupe toute la largeur de la galerie ; en
me mouillant jusqu'au ventre, j'ai pu constater qu'il fallait
supprimer, comme légendaire, la soi-disant prolongation
libre vers Perryfoot, que l'on affirmait exister jusqu'à
5 kilomètres vers l'ouest ; j'ai trouvé, en effet, le siphon
complet, absolu, avec la roche partout *mouillée*, après
20 mètres de marche dans l'eau (8° C.) (*). Tout ce que
la vérité permet de dire, c'est que l'eau, étant fort claire,
doit venir de loin en se filtrant, en route, à travers des
éboulis ou d'étroites fissures ; et que la relation avec
Perryfoot, où un ruisseau se perd dans un swallow-hole,
est vraisemblable, mais ne peut être constatée matériellement, si ce n'est par une expérience de coloration.

La longueur de 2.250 à 2.300 pieds (686 à 701 mètres)
que l'on attribue à Peak-Cavern doit être exacte ; j'ai
trouvé, par une simple mesure approximative au pas,
650 mètres environ.

En résumé, l'intérieur de la caverne du Diable, sans aucun
attrait pittoresque, est du plus haut intérêt hydrologique ;
sa partie sèche apprend comment ont travaillé les eaux
souterraines d'autrefois ; sa galerie du ruisseau montre
comment elles fonctionnent aujourd'hui. Toutes deux
confirment ces conclusions formelles de mes précédentes
recherches, savoir :

(*) Bray raconte. d'ailleurs (Sketch of a tour, p. 198), que, vers 1773.
quelqu'un, ayant essayé de plonger sous les roches, ne réussit qu'à s'en-
dommager la tête et à s'évanouir au fond de l'eau, d'où on le retira
avec peine.

1° Que les eaux actuelles sont beaucoup moins abondantes que les anciennes ;

2° Que, dans les cavernes, elles n'ont jamais cessé de chercher et de trouver des niveaux de plus en plus profonds ;

3° Et que les rivières souterraines aboutissant à des sources sont bien, dans les terrains fissurés, les collecteurs généraux de crevasses de drainage, ramifiées à l'infini dans le sol, sous forme de galeries ou de puits verticaux.

Comme dans le Périgord (V. Les Abîmes, p. 376), les gens du pays affirment que la caverne a été formée par une action volcanique et « agrandie par la force des courants souterrains (*) ».

Sources de Peak-Cavern. — Nous avons à examiner maintenant les sources qui, entre la caverne et le village de Castleton, sourdent de terre, pour former le ruisseau nommé *Peak's-Hole-Water*, rejoignant à *Hope* la rivière *Noe*, affluent elle-même de la *Derwent*.

Il y a trois de ces sources, toutes impénétrables à l'homme. La première, à 50 mètres de distance et à 15 mètres en contre-bas de l'entrée de Peak-Cavern, sort d'un joint de strates encombré de gravier (A du plan) ; son volume, son altitude, sa limpidité et sa température (+ 8° C.) suffisent à prouver qu'elle est la réapparition du ruisseau souterrain qui se perd dans le milieu de la caverne, au pied de la grande descente, à 400 mètres de distance environ et seulement 2 ou 3 mètres plus haut. Je n'ai aucun doute sur cette communication évidente. La pente de la partie inconnue du courant souterrain (qui s'écoule sans doute, non pas dans une galerie de large section, mais simplement entre des *joints* de strates) est légèrement plus faible que celle de la partie

---

(*) Heywood's penny guide to Castleton. p. 8 ; Manchester. 1895.

visible (sur près de 300 mètres), entre les deux siphons de Peak-Cavern. La disposition est la même que dans quantité de cavernes servant ou ayant servi de réservoirs à une source voisine, par exemple la grotte d'Osselle (Doubs), près Besançon, et l'abime du Mas-Raynal (Aveyron), où j'ai retrouvé la Sorgues, etc.

La deuxième source est 80 mètres plus loin sur la rive gauche du ruisseau formé par la première ; sous le chemin qui mène à la grotte, elle sort de la terre même (B du plan) parmi les herbes, beaucoup plus abondante, bien moins claire et sensiblement moins fraiche, à la température de 9°,3 ; il résulte de ces trois particularités qu'elle ne vient pas de Peak-Cavern. Son origine est inconnue.

Ainsi grossie, la Peak's-Hole-Water s'augmente encore sur sa rive droite, cette fois, de la troisième source (C du plan), la plus abondante ; elle jaillit avec violence, comme source de fond, pareille à Font-Polémie du Lot, d'un bassin où on l'a captée. De même que la deuxième, elle est à 9°,3 et pas très limpide. Les orages des jours précédents l'ont certainement troublée. On la nomme *Russet-Well* (puits Russet), et on affirme que, débitant en moyenne 4.000 gallons par minute (18.173 litres), elle n'a jamais cessé de couler et d'alimenter Castleton depuis des siècles.

Or, dans la mine de Coalpitmine-Hole, à 1 kilomètre ouest de Perryfoot, une rivière souterraine trouvée, à 40 fathoms (73 mètres) de profondeur, a servi à épuiser toutes les eaux de la mine. Cette rivière contenait du gravier, et il y a quelques années on a remarqué que les travaux de la mine troublaient le Russet-Well, distant de 6 kilomètres à l'est. De même, on a vu souvent les crues chasser hors de Peak-Cavern des grit-stones (grès), que l'on ne recontre qu'autour d'Eldon-Hole (à 4 kilomètres ouest). « La circulation des eaux souterraines a, d'ailleurs, subi beaucoup de changements depuis cent cinquante ans, du fait des exploitations minières » (Geology of North Derbyshire, p. 100 et 131).

Il semble donc bien établi que l'eau de Peak-Cavern vient de Perryfoot, et celle de Russet-Well, de Coal-Pitmine.

Mais leurs différences, assez inexplicables, de température et de limpidité, prouvent, d'autre part, que, tout en restant fort voisines dans leurs parcours souterrains, elles ne se mêlent cependant pas.

Il est bien probable que la convergence, à Castleton, de ces trois afflux d'eau a considérablement influé sur le creusement de la ravine étroite, au fond de laquelle s'ouvre la grotte ; on remarque, en face de la deuxième source, sur la rive droite du ruisseau, une immense crevasse qui a détaché une partie de la falaise du château de Péveril ; comme aux sorties de Bramabiau (Gard), de Vaucluse, de la Piuka à Planina (Carniole), le vestibule de la caverne devait s'étendre sans doute beaucoup plus en aval jadis : les éboulements successifs, provoqués par l'action des eaux, l'ont fait reculer à sa place actuelle, et la ravine de Castleton marque bien probablement l'emplacement d'une voûte de la grotte effondrée.

Géologiquement, cette gorge est tout à fait remarquable.

Speedwell-Mine. — La seconde grande caverne de Castleton est la *Speedwell-Mine*, dont l'entrée se trouve à 950 mètres à l'ouest de Peak-Cavern et 75 mètres plus haut (altitude, 265 mètres, au lieu de 190). Voici comment on la décrit aux visiteurs.

Pendant onze ans, et au prix de 14.000 livres sterling (350.000 francs), une galerie de mine avait été, il y a environ un siècle (*), creusée pour la recherche du

---

(*) En 1777, on avait creusé 500 yards (BRAY, *op. cit.*, p. 218), et en 1789, le travail était presque achevé (PILKINGTON, View of the present state of Derbyshire, 1789, p. 126).

minerai de plomb ; elle est en droite ligne vers le Sud, et
rencontra seulement des filons si peu importants et si peu
nombreux que les travaux furent abandonnés; mais ils
avaient recoupé au bout de 750 yards (685 mètres) un
effroyable abîme, dont la voûte et le fond sont *complètement invisibles*, ce qui ne l'empêche pas, à 27 mètres de
profondeur, de se terminer par un bassin d'eau « stygienne » ;
ce bassin est nommé le « puits sans fond », parce qu'il a
englouti 40.000 tonnes de déblais, extraits du prolonge-
ment à 600 yards plus loin de l'infructueuse galerie de
recherches (*). On prétend que le bassin est à près de
280 yards (256 mètres) au-dessous de la surface du sol,
et que des fusées de force suffisante pour s'élever à
450 pieds (137 mètres) ont été lancées sans pouvoir
atteindre la voûte (soit à 164 mètres au-dessus du bassin).

Les eaux d'infiltration ont transformé la galerie de
recherches en un canal navigable (*the level*, le niveau),
profond de 1 mètre environ et large de 2ᵐ,10, par où l'on
conduit les touristes en bateau jusqu'à la crevasse.

Celle-ci débite, après les pluies, beaucoup d'eau, qui est
absorbée, comme le trop-plein du canal, par le puits sans
fond ; en travers de ce dernier, sur une solide plate-forme,
on fait débarquer les visiteurs, pour leur montrer, à l'aide
de bougies allumées assez haut, les grandes dimensions de
la caverne. Une vanne mobile leur procure même le
spectacle d'une bruyante cascade souterraine qu'on
précipite à volonté dans le *puits sans fond*.

En fait, on pénètre ici sous terre par une entrée
artificielle et, après une descente de 20 mètres le long
d'un escalier d'une centaine de marches, on s'embarque
sur le canal ; la très lente navigation est assez désagréable

---

(*) Geology of North-Derbyshire, p. 129 : — MAWE, *op. cit.*, p. 49 ; —
FAREY, *op. cit.*, p. 267.

dans l'étroit boyau où l'on doit souvent baisser la tête ;
car il n'a pas partout la hauteur de 3 mètres qu'on lui
attribue ; le nautonnier fait avancer l'esquif avec ses
mains en les appuyant contre la muraille, et de fumeuses
chandelles empestent l'atmosphère confinée.

L'altitude est d'environ 245 mètres (*), et la « Grande-
Salle », ou *Devil's Hall*, comme on l'appelle, est tout simplement, de même que Victoria-Cave, un immense aven
(nommé le *New-Rake*) caché dans les entrailles de la terre
et qui ne se manifeste point au dehors ; véritablement grandiose avec ses 10 mètres environ de diamètre, ses parois
rongées par l'eau, et sa haute envolée dans le vide noir, cette
cheminée est un colossal drain naturel (**), légèrement
incliné de l'ouest à l'est, dont les eaux remplissent le
level en temps de pluies ; le bassin du fond ne m'a pas
paru aussi bas que les 27 mètres prétendus, je n'y suis
point descendu, car il est fermé de toutes parts ; c'est un
siphon bien large et bien profond sans doute, puisqu'il n'a
pas pu être engorgé par les déblais qu'on y a jetés, et
que le poids de l'eau assurément aura entraînés plus loin,
vers Peak-Cavern, dit-on. Je le croirais volontiers, car
la température de l'eau du *level* et du ruisselet qui tombe
de l'aven est de 8° C., exactement comme à Victoria-
Cave ; de plus, même en tenant pour exacte la profondeur du puits sans fond, l'altitude de son bassin est de
218 mètres, c'est-à-dire supérieure de 20 mètres au
moins à celle du siphon non vérifié de Victoria-Cave.
(V. *suprà*), distant de 700 à 800 mètres seulement. Cela

(*) L'altitude de 700 pieds (213ᵐ,5), donnée dans Geology of North-
Derbyshire, p. 229, n'est conforme ni aux courbes de la carte au 10.560ᵉ,
ni à mes observations barométriques.

(**) Ces cheminées se nomment en anglais *Rakes*, quand elles ont de
grandes dimensions ; *Scrins*, quand elles sont petites (Geology of
North-Derbyshire, p. 121).

donne une pente de 2 1/2 p. 100, qui est amplement suffisante. Je crois à cette communication (*).

Mais il est inexact de dire que le terrain au-dessus du bassin a 256 mètres d'épaisseur ; tout au plus y en a-t-il 180, car, d'après les courbes de la carte au 10.560°, l'altitude de la surface ne saurait dépasser beaucoup 400 mètres (**). Quant à la hauteur totale de la fissure, il est impossible de l'apprécier : la voûte est *positivement invisible;* l'expérience des fusées est puérile et ne peut rien prouver ; elles ont dû s'arrêter en route contre quelque saillie de roches, parce que la forme intérieure est très irrégulière et ne permettrait même pas une mesure à la montgolfière. Néanmoins, je ne saurais arguer de faux l'élévation supposée de 164 mètres, puisque telle est la profondeur *verticale absolue* où je suis descendu moi-même dans une fissure analogue, mais ouverte au jour, l'étonnant abîme de Jean-Nouveau, en Vaucluse, que j'ai déjà cité tant de fois. Mais, si cette hauteur est exacte pour la Grande-Caverne de la Speedwell-Mine, il s'en faut de bien peu alors que la surface même du plateau ne soit atteinte par elle. La coupe *fig.* 2, Pl. II, fera comprendre tout ce que je viens de dire.

Elle explique les positions relatives et la théorie des communications supposées entre les trois cavernes de Castleton, dont la dernière nous reste à décrire.

Blue-John-Mine. — Cette troisième caverne est la *Blue-John-Mine,* à 900 mètres au nord-ouest de la Speed-well-Mine, d'où l'on peut s'y rendre soit en voiture, par la grande route, soit à pied, par le très pittoresque défilé

(*) Elle serait invraisemblable, si le level était réellement à 213ᵐ,50, car le puits sans fond, à 186 mètres, se trouverait alors plus bas placé que Peak-Cavern.

(**) 1.300 à 1.400 pieds (396ᵐ,5 à 427), d'après The Geology of North-Derbyshire, p. 129.

rocheux des *Winnats*, une curiosité des environs de Castleton.

La Blue-John-Mine est le gisement célèbre d'une substance dont les dépôts exploitables par grandes masses
sont fort rares (*), la *fluorine*. Le tournage de cette pierre
fragile, aux jolies transparences bleues, violettes ou rosées,
est la principale industrie de Castleton, Buxton, et de leurs
environs (**). On en fait des vases et bibelots d'ornement.
On prétend même que les précieux vases *murrhins* dont
parle Pline étaient en fluorine. D'ailleurs, les Romains
ont connu et exploité les gisements plombifères de la
région. L'*Odin-Mine*, toute voisine, a été creusée avant
l'introduction du christianisme, pour l'extraction du plomb
argentifère, qu'on y exploite encore de nos jours (***).

D'après la brochure descriptive de W. Royse, qui se
vend à l'entrée de la Blue-John-Mine, il paraîtrait que
les cavités naturelles s'y ramifient et s'y étendent fort
loin (sur 5 kilomètres de développement ??), et qu'un certain lord Musgrave (ou Mulgrave) aurait jadis passé trois
jours entiers, avec plusieurs ouvriers, à en explorer les
diverses parties sans voir la fin.

Bien que je n'aie pas pu, faute de temps, visiter ces
souterrains en détail, comme je l'eusse désiré, je les ai
suffisamment examinés pour me rendre compte que cette
brochure est (comme toutes les descriptions que j'ai lues
de la Blue-John Mine) pleine de confusions, d'inexacti-
tudes et d'exagérations, pour me convaincre aussi qu'il
reste à exécuter là une des plus curieuses investigations
de cavernes de toute l'Angleterre : non seulement le plan

(*) TAYLOR (cité par le guide MURRAY, Derbyshire, p. 56; Londres,
1892) prétend même que Blue-John-Mine en serait la seule exploitation,
mais FAREY (op. cit., p. 460) nomme une dizaine de mines où l'on trouve
de la fluorine.

(**) JANNETAZ, Diamants et pierres précieuses, p. 337; Paris, Rothschild,
1881.

(***) FAREY, General view of Derbyshire, p. 271.

n'en a pas été levé, non seulement bien des parties y
sont toujours inconnues, mais encore la Blue-John-Mine
réserve aux géologues un admirable champ d'observations, pour l'étude exacte des rapports entre les filons
métallifères, les fissures du sol et les eaux souterraines.

L'entrée est entièrement artificielle : galerie horizontale pendant 5 à 6 mètres (A, *fig*. 3 et 4, Pl. III), elle se
continue par un escalier qui débouche au bout de quelques
marches dans une fissure verticale naturelle C, autour
de laquelle les degrés descendent d'environ 25 mètres (*).

Puis, une galerie en pente très douce (*the ladies,
walk*), la promenade des dames, mais de petites dimensions, conduit au premier grand aven intérieur, la
caverne cristallisée (E), tout étincelante de cristaux de
spath-fluor.

Son sol se trouve à 355 mètres d'altitude, c'est-à-dire à
30 mètres seulement en dessous de l'entrée. Sa voûte ne
peut donc pas avoir 250 pieds (76 mètres) de hauteur,
comme le dit le guide Baddeley (Peak-District, p. 95) ;
une autre estimation à 30 mètres est plus près de la
vérité. Un nouvel escalier, au-dessus duquel le plafond
s'abaisse fortement, mène à un second aven (F) non
moins orné, nommé la *caverne des stalactites* (altitude,
345 mètres). De tous côtés s'ouvrent de nombreuses ramifications, où j'ai eu le déplaisir de ne pouvoir errer à
ma guise. La descente continue, très commodément arran-
gée, jusqu'à un troisième relèvement des voûtes (la salle à
manger de lord Musgrave G), au bout duquel une fissure
à main gauche laisse échapper un ruisselet (H), la première eau que l'on rencontre, tout ce qui précède étant
sec (au moins en été) ; cette eau, à 7°,2 C., est encore plus
froide que celle de Peak-Cavern, ayant sans doute son
origine à une plus grande altitude. Quelques mètres plus

(*) Et non de 55, comme le dit MAWE (p. 74).

loin, il faut s'arrêter sous un quatrième dôme, contre une barrière de bois qui empêche de tomber dans un *gouffre*; d'après les explications du guide on est ici à 90 mètres sous terre et à 450 mètres de l'orifice et, au-delà du *précipice*, la grotte se prolonge pendant 1.200 mètres!

En réalité, le baromètre ne donne à la barrière que 60 mètres de descente (altitude, 325 mètres), et j'ai estimé la distance à 300 mètres tout au plus. Là s'arrêtent tous les visiteurs, auxquels l'accès du surplus de la grotte est interdit par un propriétaire assez jaloux de sa double exploitation de fluorine et de touristes; non sans peine, j'obtiens du gardien qu'il me laisse passer sous la balustrade de la barrière, et je descends le plus aisément du monde dans le prétendu gouffre : comme le montre ma coupe, il n'y a pas d'à-pic : simplement un éboulis de pierres et de gros blocs (J), entre lesquels murmure le frais ruisselet.

En m'aidant un peu des mains, je m'abaisse de 30 mètres, le long de cet escalier naturel, jusqu'à l'altitude de 295 mètres, et là, sous un cinquième dôme (K), moins élevé que les précédents, je vois le courant d'eau s'engouffrer tout entier dans un trou cylindrique (L), qui m'a paru *creusé à même la roche en place* et large de 60 à 80 centimètres (à 60 ou 80 mètres de la barrière tout au plus, et non à 180 mètres, comme l'a dit l'opuscule de Royse). S'y engager est chose impraticable : l'eau occupe presque toute la section; a-t-on jamais essayé d'y descendre après une sécheresse ? Il m'a été impossible de le savoir. Au lieu des siphons des Causses et du Karst, on se voit ici en face d'un véritable puits d'absorption comme ceux des Katavothres du Péloponèse (Taka, le Dragon, Verzova, etc.; V. Les Abîmes, chap. xviii). Peut-être l'ouverture annulaire n'est-elle que le sommet d'un aven inférieur conduisant à un autre étage de cavités. Cela serait bien curieux à vérifier. Où va cette eau? On l'ignore.

Bien que plus basse de 50 mètres, la Grande Caverne
de la Speedwell-Mine n'est pas du tout dans sa direction,
et le suintement qu'elle débite n'a pas la même température, ni un aussi fort volume que le courant de Blue-John-
Mine (*).

Car il faut dire que, avant de disparaître dans son pui-
sard, le ruisselet que je viens de suivre s'est réuni à un
deuxième, beaucoup plus abondant, venant d'une autre
galerie qui s'élève à main gauche vers l'Ouest ; pendant
100 mètres environ je remonte cette galerie (M), assez
abrupte, en escaladant les blocs qui l'encombrent, jusqu'à
l'altitude de 325 mètres, qui est celle de la barrière dans
l'autre galerie ; c'est sans doute l'une des nombreuses
ramifications parcourues par lord Musgrave et ses gens ;
je m'y arrête, au pied d'un escarpement (N) impossible
à franchir sans aide ; mais la voûte s'élève toujours, et
il est probable que par là on peut accomplir le circuit dont
parle fort peu intelligiblement la brochure descriptive, et
qui permet de rejoindre un des grands avens de la galerie
principale.

Je n'ai pas songé à entreprendre ce parcours tout
seul, et j'ai dû, à mon vif regret, renoncer à une investigation plus complète.

J'en ai vu assez cependant à Blue-John-Mine pour
m'expliquer son fonctionnement hydrologique et dresser
le croquis ci-joint ; ce plan et cette coupe, hâtivement
relevés, sont absolument incomplets et approximatifs,
schématiques en quelque sorte, mais ils suffisent à donner
idée de cette très étrange excavation ; les mesures barométriques seules y présentent quelque exactitude. En
réalité, la Blue-John-Mine est un labyrinthe de cavernes,

(*) Il paraît que l'Odin-Mine, située plus bas et à une petite distance
(450 mètres), laisse échapper un ruisseau souterrain. Je serais porté à
croire que c'est celui de la Blue-John-Mine.

une superposition et juxtaposition de grandes crevasses verticales et de galeries inclinées ; l'eau du plateau tourbeux drainé par ce réseau paraît converger et s'engloutir en un point unique, au plus profond du souterrain, à 90 mètres plus bas que l'entrée. Y a-t-il d'autres absorptions analogues dans le surplus de la mine? — L'affirmative semble résulter des découvertes de nouveaux dômes, galeries, lacs et ruisseaux effectuées par les mineurs en 1877, 1880, 1886 et 1891, mais qui n'ont jamais été scientifiquement contrôlées, et dont la visite est rigoureusement défendue.

Quelle est leur extension véritable ? C'est ce qu'apprendrait l'étude complète de ces très remarquables cavités.

A 50 mètres au nord-est de l'entrée, un effondrement superficiel du terrain dénote quelque affaissement de voûte intérieure ; il est justement situé entre les deux branches que j'ai pu inspecter.

C'est en cherchant la galène, comme à Speedwell, que les Romains, dit-on, sur les croupes des *Tray-Chiffs*, à l'altitude d'environ 385 mètres, au pied de l'escarpement du Mam-Tor, ont rencontré cet extraordinaire labyrinthe de fissures naturelles, tout ce réseau d'*avens* intérieurs, réunis à leur base par des couloirs plus ou moins inclinés et reproduisant la disposition si curieuse des Baumes-Chaudes, dans la Lozère : plusieurs de ces grandes fissures sont intérieurement revêtues de haut en bas de stalactites de ce spath-fluor, qui a rempli, en outre, quantité de petites crevasses du calcaire, d'où on l'extrait encore fructueusement de nos jours ; l'aspect miroitant de ces cristaux est, grâce à leurs couleurs variées, aussi séduisant que les plus riches concrétions de calcite et, de ce chef, la Blue-John-Mine est véritablement la grande attraction de Castleton. Là, au moins, on peut contempler un spectacle original et nouveau, plus joli certes que l'intérieur de Peak-Cavern. L'extraction se fait surtout en hiver. La valeur actuelle de ce fluorure varie de 300 à

20.000 francs la tonne, selon la taille et la qualité (en moyenne 1.000 francs).

Il serait particulièrement intéressant de rechercher à Blue-John-Mine l'origine précise et le mode de dépôt des revêtements de fluorine stalactiforme des grands dômes. Cela n'a pas encore été fait avec détail, et je ne puis formuler à ce sujet que quelques indications.

Pour l'origine du fluorure de calcium, d'abord, on s'est demandé s'il fallait la chercher dans des émanations géothermiques profondes, ou bien dans des phénomènes de dépôts et de concrétions dus à l'infiltration d'eaux superficielles chargées de fluor, ou encore dans des exsudations de la roche encaissante (hypothèse de la sécrétion latérale, de Farey et de Will. Wallace)?

Les meilleurs auteurs sont partisans de l'origine profonde et métallifère : « Des filons formés, à peu près entièrement, par une ou plusieurs de ces gangues, quartz, barytine ou fluorine, doivent être assimilés aux filons métallifères proprement dits, quant à leur mode de formation » (Daubrée, Géologie expérimentale, p. 25).

« Le gisement habituel de la fluorine est la gangue de certains filons métallifères ; souvent les filons d'étain, mais surtout les filons de quartz plombifère, parfois accompagnés de barytine, qui ont été si nombreux dans l'Europe centrale pendant le trias et l'infralias » (Fuchs et De Launay, Gîtes minéraux, t. I, p. 308 et 614-617 ; Paris, Baudry, 1893).

« La série des émissions anciennes du Beaujolais est close par de grands filons de quartz avec fluorine et barytine, qui remplissent des failles importantes et sont d'âge triasique et liasique » (De Lapparent, Traité de Géologie, 3ᵉ édit., p. 1437).

De plus, il est presque universellement admis aujourd'hui qu'il y a une liaison intime entre les phénomènes filoniens et la sortie des roches éruptives.

Or, non seulement le dépôt de fluorine de Blue-John-Mine, bien que non plombifère lui-même, est très voisin de veines de plomb exploitées avec plus ou moins d'insuccès à Odin-Mine, Speedwell-Mine, etc., ci-dessus mentionnées, mais encore toute la formation carbonifère du Peak est bouleversée en profondeur par trois injections d'une roche éruptive spéciale et imperméable, de nature trappéenne ou porphyritique, le *toadstone*, sur laquelle on a longuement disserté (*). Il semble donc difficile de ne pas croire à la provenance toute souterraine du spath-fluor dans cette région.

Les adversaires de cette idée l'ont combattue en disant qu'elle ne permet pas d'expliquer comment le carbonate de chaux de la Kraus-Grotte, en Styrie, s'est substitué à du gypse, en lui empruntant sa forme de cristallisation ; comment, dans une mine de Laurium, se sont formées de vraies stalactites de calamine (carbonate de zinc) ; comment surtout le fluorure ne se rencontre plus à Blue-John-Mine au-dessous de 90 mètres de profondeur. Mais les accidents de la Kraus-Grotte et du Laurium sont des pseudomorphoses dues à l'acide carbonique des eaux d'infiltration ; quant à la disparition en profondeur, elle se retrouve dans beaucoup de filons, indubitablement injectés de bas en haut : et « ce résultat ne doit pas étonner... parce que les précipitations ont été vraisemblablement déterminées soit par la diminution de la température et de la pression, soit par le conflit avec les infiltrations descendantes. Elles constituent donc un phénomène relativement superficiel » (De Lapparent, Traité de Géologie, 3ᵉ éd., p. 1505).

(*) V. les ouvrages cités dans la liste bibliographique ci-après : Geol. of North-Derbyshire. p. 123 ; — Lecornu. *op. cit.*, p. 19 et 37 ; — Von Groddeck. *op. cit.*, p. 332 ; — Von Cotta, *op. cit.*, p. 223 ; — Dufrénoy et de Beaumont, *op. cit.*, t. II. p. 515 et s. ; — Farey, *op. cit.*, p. 238 et s., p. 277 et s.. — Mawe. *op. cit.*, p. 38 et s.

Ce qui me paraît indiscutable à Blue-John-Mine, c'est le remaniement, la *remise en mouvement* du fluorure par les eaux d'infiltration *après* sa précipitation ; les trois preuves suivantes en font foi :

1° L'absorption et la circulation *actuelles* des eaux infiltrées qui forment dans la caverne de vrais ruisseaux souterrains. On sait, d'ailleurs, combien les eaux souterraines aiment à côtoyer les filons, qui ont utilisé eux-mêmes les fractures du sol, et dont les gangues sont souvent délitables ;

2° La forme en *éteignoir* des *dômes*, ou *pipes* (expansion irrégulière des *rakes*), plus larges en bas qu'en haut, exactement comme les *abîmes* creusés, aux dépens des diaclases, par des courants superficiels engloutis ; l'action des eaux descendantes est, de ce chef, indéniable ;

3° Les aspects divers de la fluorine elle-même : d'une part, en effet, on la voit par places pendre aux voûtes en véritables stalactites, que la chute et l'évaporation de suintements d'eau fluatée ont seules pu produire ; d'autre part, le fluorure de calcium se présente de différentes manières à Blue-John-Mine, tantôt en couches horizontales, entre deux lits, l'un d'argile, l'autre de barytine ; tantôt en géodes ; tantôt entourant un noyau calcaire ; tantôt irrégulièrement distribué dans des fissures verticales ; tantôt en blocs isolés dans l'argile (comme celui dont on a fait le vase de Chatsworth (*), la plus grande pièce manufacturée de Blue-John). Mawe en énumère vingt-huit sortes dissemblables, et dit (p. 70) que « tous les morceaux semblent avoir adhéré à quelque chose dont ils ont été séparés ensuite ».

Il est bien certain que les morceaux ainsi empâtés dans

(*) Château du duc de Devonshire, à 20 kilomètres sud-est de Castleton. Sur les traces d'exploitation romaine. V. Geology of North-Derbyshire, p. 118. Sur le Blue-John, V. *id.*, p. 161 ; — FERBER, Oryctographie, p. 59 ; — MAWE, *op. cit.*, p. 38 et 69-82.

l'argile ne sont plus *in situ* : ils auront été arrachés de leur place primitive et mêlés avec l'argile. Les eaux seules ont pu opérer ce transport.

Je crois donc que la Blue-John-Mine a primitivement reçu, dans ses cassures préexistantes, le dépôt de la fluorine émanée des profondeurs du globe, conjointement avec le toadstone et les filons de plomb du voisinage, et qu'ensuite des infiltrations (*), plus abondantes sans doute que celles de nos jours, auront de haut en bas remanié et bouleversé ce dépôt, tandis qu'elles agrandissaient en cavernes et abîmes les fissures où il s'était effectué (**).

Mais il paraît impossible de savoir au juste si ces eaux de remaniement ont emporté du minerai de plomb en ne laissant subsister que sa gangue (au moins pour partie), ou si, au contraire, les fentes de Blue-John-Mine n'ont jamais reçu d'autres émanations que celles de la fluorine et de la barytine (***).

On voit, en somme, que l'exploration complète et raisonnée de Blue-John-Mine serait d'un haut intérêt pour les géologues et les minéralogistes, en raison des complexes relations qui s'y sont manifestées entre les fissures

---

(*) Au contraire, les auteurs de la Geology of North-Derbyshire supposent que les *pipes* ont été formées originairement par l'action de l'eau ; que, celle-ci ayant trouvé une autre issue, la pipe s'est remplie, au moins partiellement, de minéral ; mais que, dans bien des cas, l'eau revenant dans son ancien canal, le contenu minéral fut sapé à sa base et dut s'ébouler en masse confuse (*op. cit.*, p. 122). — Il me paraît inutile d'imaginer ainsi trois phases dans le rôle de l'eau : la première et la seconde n'ont pas dû se produire. Boyd-Dawkins (Cave-Hunting, p. 57) dit aussi que les filons ont rempli des cavités formées par l'eau courante.

(**) FAREY (*op. cit.*, p. 264, 258, 261) cite d'autres mines plombifères du Derbyshire où l'on a rencontré des cavernes naturelles : Orchard-Pipe, à Winster ; Placket-Pipe, *ibid.* ; Golcunda-Pipe, près Hopton ; Knowle's on Mason-Hill, à Matlock ; Merlin's Mine, à Eyam ; Bagshaw-Cavern, à Bradwell ; etc., etc.

(***) MAWE (*op. cit.*, p. 72) dit cependant que, dans la terre de la caverne, se rencontrent des nodules de minerais de plomb, appelés minerais *pomme de terre*.

naturelles du sol, les filons métallifères et les eaux souterraines d'infiltration.

Telles sont les observations que j'ai faites dans les
trois principales cavernes de Castleton ; elles n'ont pas été
suffisamment approfondies, et il y reste encore bien des
recherches à exécuter. Il doit en être de même dans
toutes les autres grottes et pertes des environs, qui
attendent, de la part des spéléologues anglais, des investigations perfectionnées, comme celles exécutées, depuis
dix ans, en Autriche et en France.

LISTE CHRONOLOGIQUE

DES PRINCIPAUX OUVRAGES ET MÉMOIRES

CONTENANT DES INFORMATIONS

SUR

LES CAVERNES, MINES ET EAUX SOUTERRAINES DU DERBYSHIRE

1734. — Dr Short, The natural... history of mineral Waters
of Derbyshire ; in-4°, Londres.

1772. — J.-L. Lloyd and King, An account of Elden Hole,
Philosophical transactions of the Royal Society, t. LXI, p. 250.

1776. — J.-J. Ferber, Versuch einer oryctographie von Derbyshire ; in-8°, Mytau (et Paris, 1790).

1783. — W. Bray, Sketch of a tour into Derbyshire and Yorkshire ;
in-8°, Londres, 2e édit., 402 p. (1re édit. en 1777).

1789. — J. Pilkington, A view of the present state of Derbyshire ; 2 vol. in-8°, 2e édit. en 1803.

1795. — Aikin, Description of the Country 20 to 40 miles round
Manchester ; Londres, in-4°.

1797. — Faujas de Saint-Fond, Voyage en Angleterre ; in-8°,
2 vol., Paris.

1802. — J. Mawe, The mineralogy and geology of Derbyshire ;
in-8°, Londres.

1806. — W. Camden, Britannia ; Londres, in-f°.

1811-1815. — J. Farey, A general View of the agriculture and minerals of Derbyshire ; Londres, in-8°.

1822. — Conybeare and Phillips, Outlines of the geology of England and Wales; Londres, in-8°.

1826. — Dufrénoy et de Beaumont, Mines de plomb du Cumberland et du Derbyshire; *Annales des Mines*, t. XII, p. 339.

1827. — Dufrénoy et de Beaumont, Voyage métallurgique en Angleterre ; in-8°, Paris; 2e édit., 1836-1837.

1830. — Ainsworth, On the caverns of the N. E. district of the High-Peak ; *Edinburgh Journal nat. geogr. science*, t. II, p. 168.

1842. — Daubeny, On the occurence of fluorine in Bones ; *Philosophical Magazine*, 3e série, t. XXV, p. 122.

1845. — Alsop, On the toadstones of Derbyshire ; *Rep. of the Brit. assoc. for Advanc. of Science*, p. 51.

1852. — (Anonyme), Caves and Mines of the Earth ; Londres, *Religious Tract Society*, in-12.

1854. — Robertson, A handbook to the Peak of Derbyshire ; Londres, in-8°.

1859. — Yates (J.), On the mining operations of the Romans in Britain ; *Proceed. of the Somerset Archeolog. and Natur. Hist. Soc.*, vol. XVIII.

1862. — Taylor (J.), Geology of Castleton; *Transactions of the Manchester geological Society*, vol. III, p. 73, et *Geologist*, vol. V, p. 86-89.

1872. — Ramsay, The river courses of England and Wales; *Quarterly Journal of the geolog. Soc.*, vol. XXVIII, p. 148.

1873. — (Anonyme), Peveril of the Peak, a handbook ; Buxton.

1874. — Alport, Description du Toadstone; *Quarterly journal of the geolog. Soc.*, vol. XXX, p. 551.

1876. — Mello, Hand-Book to the geology of Derbyshire ; in-8°, Londres.

1877. — B. von Cotta, Die Lehre von den Erzlagerstätten Freiberg, in-8°.

1878. — Cox, Tourist guide to Derbyshire ; Londres, in-8°.

1879. — Lecorne, Mémoire sur le calcaire carbonifère et les filons de plomb du Derbyshire ; *Annales des Mines*, 7e série, t. XV, p. 1

1879. — Taylor, The Derbyshire-Caverns, Science gossip; n° 176, p. 173.

1880. — Dawkins (Boyd), Early man in Britain ; Londres, in-8°.

1880. — Stokes, Lead and Lead mining in Derbyshire ; *Transactions of the Chesterfield and Derbyshire institution Engin.*, t. VIII, p. 60 (continué *ibid.* en 1882, t. IX, p. 360).

1882. — De Rance, The water supply of England and Wales; Londres, in-8°.

1887. — Dawkins (Boyd), Geography of Britain in the carboniferous period; *Transac. of the Manchester geological Soc.*, t. XIX, p. 37-58.

1884. — Von Groddeck, Traité des gites métallifères (trad. Kuss); Paris, Dunod, in-8°.

1887. — Green, le Neve Foster, Dakyns et Strahan, The geology of North-Derbyshire ; *Memoirs of the geological Survey ;* Londres, Eyre et Spottiswoode, 212 p. et pl. et bibliographie de 16 p. (293 articles).

1887. — Whitaker, Thirteenth Report of the Committee for investigasting the circulation of underground waters. — Avec une bibliographie (p. 383 et 414) chronologique des ouvrages relatifs aux eaux souterraines d'Angleterre et des Galles, depuis 1656. — (Congrès de Manchester de la British Associat. for advancement of science.) — Londres, Murray, 1887. Ces *reports*, publiés depuis 1875 dans chaque *compte rendu annuel* des sessions de la Brit. Assoc. s'occupent surtout des résultats fournis par le fonçage des puits.

1892. — Murray, Handbook of Derbyshire ; Londres, in-12.

1894. — Baddeley, The Peak district, thorough guide ; Londres, Dulau, in-12.

1895. — Heywood, Penny guide to Castleton ; Manchester, in-12.

TABLE DES MATIÈRES.

PREMIÈRE PARTIE.

Origine et rôle des cavités souterraines.

DEUXIÈME PARTIE.

Variations climatériques des cavernes.

TROISIÈME PARTIE.

Les cavernes du Peak (Derbyshire) et leurs filons métallifères.

Tours, imprimerie Deslis Frères, 6, rue Gambetta.